重生

改变从现在开始

袁 博◎著

中国铁道出版社有限公司

CHINA RAILWAY PUBLISHING HOUSE CO., LTD.

图书在版编目（CIP）数据

重生：改变从现在开始 / 袁博著 . —北京：中国铁道
出版社有限公司，2024.8
ISBN 978-7-113-31238-1

Ⅰ.①重⋯　Ⅱ.①袁⋯　Ⅲ.①人生哲学 - 通俗读物
Ⅳ.① B821-49

中国国家版本馆 CIP 数据核字（2024）第 097805 号

书　　名：**重生——改变从现在开始**
　　　　　CHONGSHENG: GAIBIAN CONG XIANZAI KAISHI
作　　者：袁　博

责任编辑：马慧君　　　　　　　编辑部电话：（010）51873005
封面设计：宿　萌　　　　　　　投稿邮箱：zzmhj1030@163.com
责任校对：苗　丹
责任印制：赵星辰

出版发行：中国铁道出版社有限公司（100054，北京市西城区右安门西街8号）
网　　址：http://www.tdpress.com
印　　刷：北京盛通印刷股份有限公司
版　　次：2024年8月第1版　2024年8月第1次印刷
开　　本：880 mm × 1 230 mm　1/32　印张：8.5　字数：158千
书　　号：ISBN 978-7-113-31238-1
定　　价：78.00元

认识袁博已近六年。因为合作关系，我们成了惺惺相惜的好朋友。

初见时，她给我的印象是一个风风火火、从不停歇的"战斗机"。每次从广州到深圳，她都是背着背包急匆匆地赶来；坐下来后就从背包里拿出笔记本电脑，立刻进入工作状态；谈完事情后，她站起来一口气喝完放在桌子上的一杯水，拉上背包拉链，然后背上背包立刻返程。

相熟以后，我渐渐地了解她与家庭成员在平时的相处方式，以及她的困惑和痛苦。恰逢我先生李家辉的心理学私塾开课，我就不由分说地推荐她加入了本末私塾，她成了第三期学员。

从我们认识开始，袁博走上了一场脱胎换骨的蜕变之旅。在这三年，这个勇敢坦诚的姑娘不仅收获了一个可爱的宝贝，重新接受了自己作为女性的身份，认可了作为妻子的价值，还引导和帮助母亲摆脱抑郁症，让她的家庭重新焕发了生机，变得温暖和谐。这样的变化，是她真心付出的结果，也是她倾注一切创造的结果。

我得知她的新书将要出版，为她感到欣慰。这一路走来，她从不放弃，在自我疗愈和成长的同时，开始用自己的正向力量去积极帮助身边的朋友和亲人。我很期待，她的书能够帮助到更多的人在黑暗中找到回家的路。

梁琪／深圳本末堂创始人

多年前，我在一个由顺德双创基金会主办的创业课堂上讲课。我上课有个习惯，就是会与每一位学员目光接触。一是从他们的眼神中获得讲课效果反馈，二是希望能寻觅特别有悟性的创业者。有一位姑娘引起了我的关注，她对创业有非常深刻的思考，不盲从，重执行，又善于总结复盘。我当时并不知道她的名字，但我脑海中浮现的是：这么一个善思笃行的姑娘，在创业路上肯定有所作为。

后来，我才知道，她叫袁博。我们再次见面，已是数年后了。中间虽偶有联系，但她这些年发生的故事，我是从这本书的书稿中知晓的。那时，她的效率手册已经帮助了很多人，让数万名女性重建了人生的效率系统，善莫大焉。而我正和几位运动领域的专家发起一个儿童运动友好社区普惠项目，需要获得更多宝妈的助力。于是，我邀请袁博到我的广东省奥体中心办公室交流。这次，我是学生，她是老师。两壶茶，三小时，让我发现了她的另一面：善良与爱笑。她对社会公益有源自心底的一种热情。这种热情直接穿透她的眼睛，穿过她的言辞，让人一下子就被感染。引发我共鸣的同时，我又有深深的不解：这双透彻的眼睛背后，是怎样的一种经历？无论如何，能被笑声和善良滋养着的，一定是个幸运的姑娘。

从那时起，我便留意袁博的故事。每次见面的时间都很短暂，还掺和着各种杂事，鲜有深谈的机会。这或许就是"城里"的特色：你会遇到很多人、很多事，但你真正关心的人和事会一闪而过。我们会为红绿灯停留，会为网红闹剧耗时，却鲜少为一抹云朵驻足。

2023 年，临近岁末了，在结束一个活动之后，袁博突然对我说了一句："刘老师，我写了本书，叫《重生——改变从现在开始》，马上就完稿了，您帮我写个序吧？"于是，我获得了一个机缘：我可以最早阅读这本书，阅读"重生"的袁博。

接到这个邀约时，我感到的是荣幸。当我真正收到书稿，一口气读完之后，我感觉又是幸运的。我是如此的幸运，能够第一时间进入这个幸运姑娘的世界，能够借由她的故事获得一次"重生"。

初读书稿，是一个姑娘娓娓道来的四代人的故事，传承与重生。关于亲情，关于爱情，关于自己，关于财富和事业，点点滴滴却不细碎，涓涓细流而不冗余。我想，这就是一位优秀纪录片导演的叙事与运镜功底吧。

随着阅读的深入，袁博在我脑海里的形象从一个模糊样子逐渐清晰起来。她的坚定与善良源于奶奶，细腻与温暖得自妈妈，对家的浓厚感来自先生，生命的张力和热情却是孩子们的反哺……

每一人，皆非路人；每一幕，均为重生。

在我沉浸于层层解密的快感之中，在我觉得可以掩卷起笔时，突然，有一股莫名的力量将我一把揪了起来，狠狠地摔进了书里。我一直觉得，自己只是一名读者，却开启了审视视角，窥视着作者的人生，而这一切与我无关。

但是，我又分明看到了自己！

看到了自己原来也在剧中。我猛地发现，这不是袁博的"重生"，这是我们这一代人的"重生"。

我不知道袁博用了什么摄影技巧，但我清晰地感受到：这是一本关于所有人有限生命的书，也是一部关于所有人无限重生的纪录片。读这本书，能从作者的文字中，走进自己的世界。

演一出，喜与怒；走一遭，直与曲。只需一盏清茶、一颗随心，便可随作者一同直中取、曲中得。这便是"重生"。

刘著明／企业家关键决策顾问

第一次见到袁博的时候，她向我提了很多问题。从她的表达中，我立即觉得，她是一位既能干又充满才华的女性。但是，当时的她似乎有些迷茫，对自己的未来感到困惑。

后来，她报名参加我的线下课程。我观察到，她是一位非常认真、专注且用心学习的学生。课程结束后，她告诉我，她终于找到了答案，决定释放自己的潜能，重启自己多年的梦想。我常说，如果一个学生准备好了，老师就会出现。我正好出现在她准备好的时间里而已。

人的潜能是无限的。当决定重新出发时，她速度之快、力量之大，还吸引来了优秀的团队，我非常欣赏，并且感到非常欣慰。更让我感动的是，她提升了自己生命的温度，影响了更多人，让身边的人也受益。

我很高兴可以成为她的战友，成为她知心的朋友。适逢她的新书完成之际，她邀请我来为本书写序言，我义不容辞。

我很喜欢这本书，阅读完以后，对未来充满了希望。它让我更深刻地了解"人生"和"生命"，看到未来是有希望的。不管现在遇到健康、事业、感情问题，还是人际关系问题，每个人在遇到困境时，都含有"重生"的机会。生命是一个充满坎坷的旅程，只要我们勇敢往前，问题都会迎刃而解。我们要相信，生命是丰盛的；我们要相信，明天一定比今天更好。

我肯定地告诉大家，人的一生充满了挑战，一个没有挑战的人生是不完美的。我们常常在一些问题上纠结，无知、执念和恐惧时常困住自己。我希望，黎明来临之前的黑暗阻挡不了你前进的步伐。

在这本书里，我看到了很多不同的人，他们有着不同的背景，遇到不同的挑战，却都能轻松化解，这让我很感动。作者的亲身经历证明：所有的挑战，我们都有能力去面对和解决。当我们跨越遇到的问题，就是"重生"。

在从事心理咨询服务的几十年中，我遇到很多关于迷茫的就诊者。这本书能让很多人看到希望，并且有信心勇往直前。我相信，你一定也会喜欢这本书。

感恩。

赵智光博士╱行为学科学家

▶ 序

生活中的突发事件，有时像按下了生命的暂停键，迫使我们停下脚步，重新审视自己的人生轨迹。

2022 年 7 月，我刚生完二胎，还在医院里坐月子，却身陷多重危机：母亲抑郁症复发再次入院；父亲在医院照顾母亲时突然晕倒，被紧急送往另外一家医院的 ICU 抢救。我先生只好放下手中的工作，照顾女儿和老人，已无暇顾及我。

我拿着手机，一边与医院护士紧急联系，安排父亲入院事宜，一边与另一家医院的护工沟通母亲的日常需求。抬头看着嗷嗷待哺的孩子，我忍不住号啕大哭。一直顺遂的生活变得支离破碎，我开始重新思考自己的人生……

曾经，我是世界 500 强公司的预算工程师，一个拥有着光鲜职业身份的人。后来，因为热爱，我转行做纪录片导演。二十四岁时，荣获 Discovery 亚洲新锐导演奖；三十二岁创业，拥有自己的公司和四个品牌；2020 年，我与团队一起推出一本效率手册，作为文创项目入围粤港澳大湾区创新创业大赛。

从职场人到创业者，我心无旁骛，满怀一腔热血，朝着事业目标一路狂奔，从未停歇。在这个过程中，我没有时间和精力去维护与周围人的关系，脾气暴躁，不可一世，让家人和合作伙伴们都感到害怕。当时的我也不在乎他们怎么想，工作永远是第一的。

我拼尽全力工作，努力成为"别人眼里优秀的自己"，深陷于领导的赞许、同事的钦佩和家人的赞美中不能自拔，甚至觉得自己简直是无所不能。然而，渐渐地，我发现，除了取得成绩带来的短暂愉悦之外，并没有其他乐趣可言，我成了一个"三无"人员：没有生活、没有社交、没有幸福感。我的世界只有工作，其他所有美好的事物都消失殆尽。

直到有一天，我如往常一样到电视台上班，得到了一个令人震惊的消息：和我一起工作的同事脑袋里长了一颗瘤。在接下来不到半年的时间，他被病痛折磨得骨瘦如柴，从一个健壮的成年人变成了一个单薄之人。他离开这个世界的时候，孩子还不到两岁。

同事的离世，犹如一声唤醒我麻木心灵的汽笛。我突然从一个天不怕地不怕的人，变得开始敬畏生命，害怕死亡。由于长期高强度的工作，我的身体早已出现各种各样的问题：月经不调、莫名其妙的头疼。身体一而再、再而三地提醒我，但我依然连续熬夜、继续加班，身体已疲惫不堪。

我如此拼命地工作，完全没有顾及身体的健康。如果我也得了不治之症，怎么办？我还没有好好地享受生活，还没有好好孝顺父母，还没有自己的孩子……生命如此脆弱，我们根本无法预知明天会发生什么，甚至面临怎样的意外。如果说生、老、病、死是我们每一个人无法躲避的，那么，我们究竟应该怎样度过这一生呢？

我问自己："亲爱的，你还要继续活在别人的期待里吗？还要继续牺牲健康来工作吗？还要继续躲避与他人相处的问题吗？还要对自己的亚健康状况视而不见吗？"

在一个清晨，我终于下定决心，彻底改变生活和工作方式。花了半小时写好辞职报告，然后打车回到电视台，把它呈到领导手上。至今我仍清晰地记得，在做出决定的那一刻，我像拨开了一层迷雾，感到了前所未有的兴奋。这种兴奋与我往常创作出一个好作品的感觉完全不同，是一种夹杂着对未来充满期待和渴望的兴奋。似乎有一股力量在推着我走向希望，似乎整个世界都在向我敞开怀抱。那一刻，我深深地舒了口气。

辞职后，我允许自己睡到自然醒；起床后，给家人做美食；每周上三次瑜伽私教课程；偶尔看书、听音乐、陪父母聊天。意想不到的是，曾被医生告知难以当上妈妈的我，经过半年的调养后，竟然怀孕了！我终于迎来了做母亲的幸福时刻。

当妈妈后，我开始深入食品行业，探索食品安全问题；2016 年，因为女儿的敏感体质，我开始关注生活用品和家庭饮用水的安全问题；2018 年，偶遇中医后，我开始了解如何为家人做好疾病预防；2019 年，母亲患抑郁症，这促使我开始探索如何与父母更好地相处……

我深知人生失去平衡所带来的痛苦，像一艘小船在波涛汹涌的大海中遭遇暴风雨，摇摇晃晃，无法掌控自己的方向。因此，2020 年年底，我把这些年如何一步一步走上美好人生之路的方法整理成效率手册，通过线上社群和线下读书会的方式带领更多人一步一步践行重塑人生。这本手册，像是那艘人生小船的航海蓝图，帮助小船乘风破浪，一路前行。

女儿七岁时主动问我："妈妈，我能要一本效率手册吗？我想和你一样，每天打卡。"这让我内心充满了喜悦。对孩子们来说，建立"重塑人生"体系越早，越能清晰地规划人生。

当然，我希望这本书可以受到更多女性的关注。当一个家庭的女主人意识到平衡人生体系对整个家庭的重要性时，不仅能帮助自己成长，也有助于家庭成员进步。

我感激生命历程中遇到的人和事，让我对人生有了更深刻思考，让我逐渐放慢脚步，探索世界，感受生命的意义。

感恩深圳本末堂创始人李家辉老师和梁琪老师，他们让我从无知走上了明悟；感恩行为学科学家赵智光博士，他教会我如何科学认识和使用大脑。

感恩我的纪录片老师，给我播下了一粒种子；感恩插画师大王，让我的第一版手册在很短的时间内面世；感恩设计师子非，为第一版手册审美把关；感恩本书的策划陈韵棋老师，给了我信心和支持，让这本书得以出版并被更多读者阅读；感恩维忆老师的鼓励，让我终于把这本书写完；感恩心隆大哥、佩桦等好朋友对本书的支持。

当然，我更要感恩父母给我的生命；感恩先生的无条件支持；感恩女儿和儿子的出现，因为有他们一路的陪伴，才有今天的我；感谢小姑姑时刻关注我的成长，给我智慧的引导。

生命中的每一次突发事件都是一份特殊的礼物，它们唤醒我们重新审视生命。只要愿意，我们可以为自己的人生按下"重启键"，开启一场全新的生命体验。建议本书和效率手册一起使用，边学习边实践。在实践的过程中掌握其中的方法，逐步走向更美好的人生。

愿我们活好当下的每一刻，享受每一寸光阴。

袁博／2024 年 1 月，广州

▶ 目 录

第一章

重生

行为科学家赵智光博士问我："你害怕死亡吗？"我毫不犹豫地回答："害怕！"特别是当我想到身边的亲人总有一天会离我而去时，内心充满了不安。

"人是不害怕死亡的，因为每个人来到这个世界那一刻，便开始走向终老，这是一条不能回头的路，那么，我们究竟害怕的是什么？"赵博士的话让我陷入了深思。

"我们害怕的是死的时候留有遗憾。"对啊，我们是害怕在生命的尽头回首往事时还留有遗憾，还有那么多想做的事没去做……

赵博士在国外开诊所的时候，曾经诊断过两千多个心理个案，其中不乏对生活失去信心的人。在做了"回到未来"的练习后，他们又一次燃起了对生命的渴望。每个人都拥有强大的生命力，只要看到希望，就能找到重生的力量。

如果说从建筑行业转到纪录片导演行业是我的第一次"重生"，成为母亲是我的第二次"重生"，那么，开始探索生命并走向成长之路则是我的第三次"重生"。

近年来，我遇见了许多经历不同际遇的人，他们用自己鲜活的故事诠释着"重生"的真谛：因母亲去世后一夜之间成长起来的闺蜜；因改变生活方式后疾病奇迹般消失的师兄；因老公出轨，离婚后成功转型成为灵魂摄影师的原电视台领导；因另一半离世，留下三个孩子，重整心情再次出发的好朋友……

在《重生》纪录片里，我采访的第一位主人公是金梅，一名律师。得知罹患癌症以后，她暂停了律师的工作，专心调养身体。她说，这个病让她开始反思自己以往的人生，并决定换一种活法。从她淡然的表情里，我没有感受到任何对生活的抱怨，却传递出一种获得重生的小庆幸。她接受生活给她的考验，并将其视为一份珍贵的礼物。我深刻地感受到她身上所散发出来的强大力量。毫不夸张地说，她是生活中的勇者。

现在，金梅重新回归律师行业，并在业余时间里周游各地，用相机记录美好瞬间。她善于捕捉光影的变化，称自己是"追光的人"。最近，她去医院复查回来后告诉我："医生说，我是那家医院三阴肝转移活得最长的病人。"听后，我的眼泪不自觉地流了下来。

重生之前，痛苦常常会让我们感觉无法呼吸，但是，当我们能再次深深地吸一口气时，也许就能领悟到重生的真谛；重生之前，我们常常会自我怀疑，站在人生的十字路口徘徊，孤独无助；重生之前，我们也许还会选择自我保护，麻木地躲进自己内心的世界里，迟迟不愿走出来。

在每个人的生命里，可能都会出现这些"痛苦时刻"。这像命运在我们毫无准备的时刻将我们置于一个黑盒子里，我们可以疯狂地挣扎、呐喊和冲撞，也可以停下来，等积蓄能量后，再次挣扎、呐喊。直到突然有一天，我们打碎盒子，冲破黑暗的笼罩，看见光明，我们便获得了重生。

当我们触碰痛苦，超越痛苦后，便会发现隐藏在痛苦背后那份巨大的生命意义。痛苦是个警钟，它咆哮着，打破平淡的生活，颠覆既定的生活轨道，强硬地拉拽着我们，迫使我们直面未知的路途。毕竟，生命本来就是一个向死而生的旅程。

回顾自己身边朋友的生命历程，我发现，那些最终能踏上重生之路的人，都充满勇气和力量。他们不惧生命的起伏，懂得在黑暗中寻找光明，用坚韧和勇敢铸就新生，最终成了生命中最坚韧的战士。

这就是一场勇敢者的游戏。

01　生命的力量

　　如果人一出生就能拥有一本《人生指导手册》，该多好啊！它像一本通关地图，清晰地标注一生中即将面临的各种困难和挑战，并提供解决方案，帮助我们走出困境。

　　但是，我们都不可能会获得这样一本手册。

　　每个人出生时，并不知道应该如何度过此生，甚至不能为自己设定人生目标。年轻时，我也是如此，只是按照父母的意愿来安排自己的人生：上学、工作、结婚，然后生孩子，认为这样过一辈子也挺好的。

　　然而，生命无法被安排。正如格林童话《睡美人》里的国王一样，为了避免心爱的女儿被纺锤弄伤而睡去，他命令将王国里所有的纺锤都收上来并全部销毁。最终，公主却依然在一个古老的宫楼里被纺锤刺伤。

　　探索生命的意义，难道不正是生命的力量使然吗？生活中的挑战和困难塑造了我们，教会我们成长，并在我们最艰难的时刻展现出我们内在的坚韧和力量。或许，正是在这种探索中，我们才会发现真正的生命意义所在。

追求美好的生活

我的奶奶是湖南人。只是，她离开湖南后，再也没有踏上这片故土。

父亲四岁时，爷爷就去世了，留下三十多岁的奶奶和年幼孩子们。1963 年，湖南农村依然比较贫困。寡居的奶奶带着八岁的儿子（我的父亲）和五岁的女儿投奔远在新疆的两个妹妹。两位姨奶奶是八千湘女中的一员，她们还未满二十岁时，已踏上了援疆之路。

在亲戚的护送下，奶奶带着两个孩子从湖南常宁县的乡下出发，翻越二十多公里山路，到县城里坐车。两个孩子走不动时，他们就被放进编织的竹箩筐里，大人们轮流挑着，走了整整一天。晚上到达县城后，亲戚未曾停留，便匆匆返乡。

第二天，他们搭乘汽车颠簸一整天到衡阳，再乘坐火车到几千公里外的新疆。但是，听姑姑说，奶奶从未抱怨过，而是在前往新疆的路上，心里充满了希望。

当时，父亲正处在"淘气"的年龄，他在火车站做了件"坏事"，一直让奶奶念念不忘。父亲在火车站到处跑，奶奶一时找不到人，开始着急起来。父亲回来后，奶奶怒不可遏，扬手就要去打他耳光，结果，父亲快速躲闪开，奶奶没有打中，却打碎了别人的暖水瓶。那时候的暖水瓶非常贵，虽然对方不需要奶奶赔偿，但是，奶奶坚持赔偿了对方两元。这可是非常大的一笔钱，足够买两百盒火柴。奶奶说："在农村，哪怕借了邻居几根火柴，也是一定要还的。"

除了父亲和姑姑，奶奶还有几个孩子留在了农村。每次和小姑谈及此事时，奶奶都用手捂着胸口说："我心里痛啊！可是我养不活他们，只能把他们送给别人，否则他们会被饿死的。"小姑问奶奶："您不想找他们吗？"奶奶深吸一口气说："不找了，让他们好好在别人家过吧，他们的养父母也不容易。"

抵达新疆后，奶奶遇见了养爷爷，结婚生下小姑后，新疆生产建设兵团出了新政策，允许部队家属就业，奶奶便去上了班。尽管很多人劝养爷爷，不要让奶奶上班了，但养爷爷从未劝过奶奶，而是尊重奶奶的决定。养爷爷和奶奶是国家实行退休制度的第一批退休职工。那天，老两口参加完团场举办的退休欢送大会，两个人戴着大红花，拿着退休证，高高兴兴地回家。奶奶感慨地对姑姑说："我只工作了十三年就赶上了这么好的政策，都是你爸爸的功劳。"拥有退休工资的奶奶，觉得很自在，不需要孩子们供养。

虽然奶奶从未接受过正规的教育，但是她非常懂得礼数。小姑说，家里来客人，奶奶都让孩子们搬凳子，请客人坐下，给客人端茶。端茶时，也很讲究细节，必须双手递给客人，上面那只手不能碰到杯口；每次出去吃喜酒时，奶奶一定要换上干净的衣服，说这样是对主人的尊重；餐桌上，小孩不能先动筷子，需等大人动筷后才能动，且吃一口菜必须放下筷子，不能筷子不离手，不停地夹菜；每当邻居家的女儿或者儿媳生孩子时，奶奶一定会买些糯米，自制米酒并送过去，让其补养身体，确保小宝宝有充足的母乳喂养。诸如此类的生活细节，都是奶奶给孩子们的言传身教。

奶奶以勤劳和好学的优秀品德为人称道。孩子们小时候的衣服都是她亲手缝制。尽管不精通裁缝，却能用一件大小合适的旧衣服在报纸上放样，然后再根据报纸样本剪裁。此外，奶奶还做得一手好菜，扣肉、粉蒸肉、红烧鱼、蛋饺等大菜都会在过年时候出现在家里的餐桌上。

奶奶走的最后时刻，小姑一直陪着她，并记录了自己真实感受："我坐在床边，您用柔软、无力的双手不停地拢着我的头发，眼中充满了温柔和不舍；当我与您四目相望时，您的目光把我的心融化；当我亲吻着您的额头时，您的目光中透着无尽的满足。我用温暖有力的双手托着您的头，您却再也听不到我的呼唤，我知道世界上最疼爱我的人已永远离开了我。亲爱的妈妈，您一路走好，在去天堂的路上有女儿无尽的思念陪伴您，女儿以后的人生路，也会有您刻入心底的关爱……"

每次想起奶奶独自一人带着孩子们从家乡去往遥远的新疆的情景时，我都感叹，奶奶得拥有多么顽强的生命力量才敢迈出那一步呢？

油画作品描绘了 1934 年 10 月 17 日的一幕：雩都（今于都）的贡江（即于都河）畔，一列列队伍擎着火把，在浮桥上果敢地前行着。他们经历了血染湘江、四渡赤水、爬雪山和过草地，用生命和热血走出了艰难险阻，冲破了围追堵截，最终到达了陕北。

从画中红军们的眼神里，我似乎找到了答案。他们心中怀揣着对美好世界的向往，这份渴望正是顽强生命的养分。这种渴求美好、追求幸福的精神，一直激励着他们不畏艰险，奋勇前行。

利他的力量

2015 年，我遇到了人生的贵人——教我拍纪录片的朱老师，他给了我一把打开纪录片之门的钥匙，让我在二十岁的时候就得以体验不同的人生。对我而言，这是一段独特的生命经历。

置身于主人公的生活里，我与他们一起领略生活赋予的快乐，一起面对生活面临的痛苦，一起探索解决生活困难的方法……原来，这个世界上的每个人都有不一样的活法，每个人都有自己的喜怒哀乐，都在经历自己独一无二的生命体验。

在拍摄关于艾滋病主题的纪录片时，我采访了一位专家——拥有十几年工作经验的王克荣护士长。她是北京地坛医院红丝带之家办公室主任，也是中国第一位荣获"贝利·马丁奖"的护士。患者们都亲切地叫她王妈妈。

三十多年以来，王护士长护理过二十七种传染病患者，人数达五万多。对她而言，为艾滋病病人提供关怀和改变公众对于艾滋病的偏见是最重要的事情。

在拍摄期间，正好遇到一对母女从外地前来复诊。孩子只有七岁，因为意外感染了艾滋病。孩子的妈妈每年带她来北京时，孩子总是很开心，因为妈妈告诉她说是来北京度假，只是每次"度假"的地方都是医院。

王护士长下班后邀请这对母女回家一起包饺子。我问她为什么对患者这么好，她轻声说："孩子是无辜的，还那么小，感染这个病已经非常不幸了。如果我们能给孩子多一些关爱，让她感受到温暖，这对她的康复也很有帮助。"王护士长微笑地看着孩子，眼神里还传递着鼓励。

我陷入了沉思：当一个人面对陌生的生命时，是怎样的力量让她愿意如此无私地奉献呢？

《增广贤文》有言："但行好事，莫问前程。"这句话传递的就是利他的精神。王护士长用她的行为给那些需要帮助的患者心中点燃了一盏灯，在他们经历病痛的时候，那盏灯就能照亮黑暗。当我们释放善意，传递善意的利他时，这个世界会留下自己美好的印记。

这些鲜活的生命故事装点了我的人生，特别是在采访了二十多位艾滋病患者以后，听着他们对健康、疾病和生活不同的领悟，我也找到了自己的生命力量，并在心里种下了一颗种子：世界很大，活法很多，我们要过怎样的生活，都是自己选择。

小结

生命中会出现无数种可能，蕴藏着顽强不屈的力量。它是一种绵延千秋的奇迹，即使在最严酷的环境中，也能焕发出坚韧的光芒，激励我们不断前行。

生命的力量不仅在于自我价值的追求，还在于对社会价值的追求。利他的生命力量以善良和无私为基石，教导我们彼此关怀、慷慨奉献，让生命的奇迹在互助与关爱中得以继续。

在这无限循环的生命链条中，每个人都绽放着生命的不朽光芒。

02   相信的力量

创业这些年，我遇到很多女性，她们深感生活的压力，同时也怀抱着改变命运的愿望。她们找到我，希望能得到我的支持和帮助。然而，在辅导的过程中，我发现，她们往往受困于一个共同的想法："我真的会成功吗？我真的可以拥有美好的人生吗？我只是一个普通人，怎么可能会有这样的好运呢？"

澳大利亚电视制片人和作家朗达·拜恩在《秘密》一书中写道："在这个世界上，宇宙中最有力量的法则就是'吸引力法则'。能让'吸引力法则'起作用的，就是你——借由你的思想。"因此，如果我们想要改变，一定要相信自己能成功，一定可以拥有美好的未来。这是相信的力量。

你是那个幸存者吗

Lisa（丽莎）来找我时，她孩子四岁，正在上幼儿园中班。她工作比较轻松，所以想尝试轻创业，拓展人生新领域。她希望通过轻创业，获得比上班多两三倍的收入，未来可以辞职在家全心陪孩子，同时拥有更自由的生活。

了解了需求后，我帮她打造人生财富的 B 计划。在第一阶段的探索期，Lisa 展示了优秀的学习能力，迅速理解了轻创业的性质和类型，表示自己愿意进一步尝试。然而，到了第二阶段的实战期，当面对真实客户遇到前所未有的状况和挑战时，Lisa 就进入自我怀疑模式。最终，她因为客户的质疑而开始质疑项目，质疑自己。

人为什么会自我怀疑？

这往往源自成长过程中对某些事件的记忆，在心中形成了一层又一层的印记，潜移默化地影响自己的行为，成为自己生活的"一部分"。当我们再次遇到类似的事情时，这些印记会再次主导自己的行为，从而进入习得性无助状态。

动画师汉娜·格蕾丝上学期间制作了一部动画短片《幸存者》。该片短短 5 分 23 秒，讲述了我们从小到大如何给自己戴上"枷锁"的全过程。

女孩沮丧地关了电脑，屏幕上出现了一行字，"you're wasting time（你在浪费时间）"。她抬头看了看墙上的日历，2 月 20 日那天画了一个红色的圈圈，上面写着："十八岁的生日快乐，成年万岁！"此时，她的大脑里出现了一连串的声音："你做得还不够，你还没准备好，没有人在意的。"

她拿起手机浏览朋友圈，脑海里总会出现各种声音："不要抱希望！""你为什么不那样有趣？""你永远都不会那么棒。""她比你好看。"

朋友 Marissa（玛丽莎）发了一张和朋友们在一起的合照，上面写着："我喜欢和朋友一起玩！真的！今晚不会有比和他们在一起更棒的事情了。"女孩对自己说："他们恨你，他们从来不会想到你。你没有朋友，没人在意的。"想到这里，她痛苦地哭了。

朋友 Karen（凯伦）发了一张女儿可爱的照片，并写上祝福："我的亲亲小宝贝，生日快乐！"看着照片，女孩又陷入了深思，慢慢进入了梦乡。

在梦里，出现了一个小孩，她拿着一支粉笔在墙上随意地画，然后转身笑着把粉笔递给她。女孩惊恐地摇了摇头，说道："我没有天赋。"小孩听到这句话以后，画了一个圆圈，圆圈里出现了女孩成长过程中的各种画面：她曾经给同学画了一幅画，同学笑她傻；同学故意推倒她，还大笑；同学们在操场开心玩耍，她却只能躲在角落里流泪；她在荡秋千，路过的男生对身边的女生说她丑。这些事情像一个个枷锁，锁住了自己："你不够好，你是个失败者，不要再努力了。没人喜欢你，他们不想和你在一起。"女孩看到被枷锁捆绑的自己，幡然醒悟，抱住小孩，说道："你是重要的。"

第二天，温柔的阳光洒在她的脸上，她睁开眼睛，起身拉开了窗帘。窗外，是满院子开的鲜花，释放着活力。此刻，她的内心涌起一股力量："你做得到。"

汉娜在 YouTube 评论区写道："你一无是处，是因为你一直这样暗示自己；你越关注把你说成一文不值的错误观点，就越相信这是事实。一旦你开始肯定自己的重要性，周围的人也会开始支持你。当你每天告诉自己，自己很重要，并把这一点铭记于心时，事情就会好转。这种变化不是一夜之间发生的。如果想让他人认可，你需要努力。你的价值掌握在自己手中。"

坚定的信念

女儿四个月大时，我每天都以泪洗面，还不断挑剔先生的一切。月嫂说："可能得了抑郁症。"我的第一反应是："我得了抑郁症，我成了病人了，我该怎么办？"

我不想惊动家人，于是，自己偷偷地在网上搜索各种关于抑郁症的资料。此时，新疆老家的一位同学向我求助，希望我能帮助老家的农民售卖他们的产品。我一边通过朋友圈推广新疆农民的农产品，一边寻找应对抑郁症的方法，我相信自己一定可以战胜抑郁症。

2013 年 6 月，我的第一条朋友圈竟然帮新疆农民卖了一百多公斤核桃。从这天开始，我决定，一边在线上帮新疆农民销售农产品，一边在家照顾孩子。难以置信的是，我的抑郁症竟然不治而愈了。

抑郁症让我看到了自己真正的需求，需要调整自己；创业让我重燃生活的激情，并且通过创业战胜了抑郁症。这一切对我来说都是珍贵的亲身体验。无论我们经历过什么困境，但是，我们必须相信自己，相信自己有可以做到的能力，能成为更好的自己。

当我决定从土木工程师转行做纪录片导演时，很多人对我都不抱希望，包括我的父母，他们对此表现出极大的担忧，认为我对新领域一无所知，仅仅是爱好而已，父亲甚至认为这是异想天开。然而，我坚定地相信："我一定可以成功。"

因此，我开始留意每一次机会。2006 年，当导师告诉我，Discovery频道会在亚洲举办一次"新锐导演计划"时，我马上决定报名参加比赛。好朋友问我："你还只是一个学生，能成功吗？"我坚定地说道："如果不参加，我没有一点成功的机会；如果参加了，我就有成功的机会，为何不试试？"

　　怀着这样的信念，我全身心投到比赛准备中。在老师的支持下，我成为六位中国新锐导演中的一员，得到国际导师的指导，制作出我人生中的第一部纪录片。这段经历为我成功转型奠定了重要基础，也让我更有信心面对未知的挑战。

　　回想过去，我发现，"相信的力量"这个信念一直指引着我前进。

👥 小结

　　当我们坚信自己能够克服困难、迈向新领域时，这种信念成为我们重生的源泉。在任何挑战面前，对自己坚定的信心能够驱使我们走出舒适区，探索未知，接受新挑战。

　　相信的力量不仅是一种信念，更是我们在逆境中坚持、在新的起点重新出发的勇气和动力。正是这份坚定的信念，使自己敢于挑战自我，找到新机遇，并最终走向改变人生的道路。

03　爱的力量

　　家庭的温暖、长辈的智慧和兄弟姐妹之间的情感构成了我们生命中宝贵的一部分。家庭中特有的品质和价值观被代代相传，并影响家庭成员的成长、性格和行为方式，也可以反映出一个家族的文化底蕴和历史传承，形成了我们所称的家风。

　　家风不是一种简单的传承，而是爱的传承，源自家庭中悉心灌溉的爱的种子。这份爱的力量，通过温暖、理解和支持，在家族的每个人的血脉中流淌。它不仅是对家庭成员的情感回馈，更是一种超越言语的纽带，连接着家族的情感。

　　同时，爱也是家风的滋养之源，它赋予家族力量和韧性，让家风在岁月的洗礼中得以升华。这份爱的力量，穿越世代，使得家风不断融合、进化，并且在发展中保持着根深蒂固的特质。

爱的给予

我从长辈身上学到很多爱的表达。

虽然家里很穷，但是，父亲的同学来家里做客，奶奶都会把平时舍不得吃的鸡杀了来招待他们。父亲给我分享这个故事时，我都能感受到他的骄傲。

父亲说，我的爷爷是一位解放军，曾经参加过淮海战役。遗憾的是，在父亲四岁的时候，爷爷去世了。到新疆后，奶奶认识了养爷爷。我问爸爸："养爷爷对你们好吗？"爸爸说："你养爷爷是个非常好的人。"

养爷爷是汉中人，行伍出身，曾获得过一等功。随着队伍一路向西进入新疆，放下枪，成了垦荒的第一批战士，并获得了特等功。

养爷爷勤劳顾家。夏天时，他就到河边下网捞鱼；寒冬时，骑行几十公里去博斯腾湖打鱼；家里粮食不足时，他就骑车驮着大米到和硕县换面粉或者玉米面；在冬季到来之前，他一定会把菜窖打扫干净，将窖顶铺上稻草、盖上土，白菜入窖后定期翻晒。

入冬，草木凋零，是砍柴的季节。养爷爷常常带着爸爸和姑姑上山砍柴。姑姑负责拾捡，养爷爷和爸爸负责挖。戈壁滩上的一种植物，其枯木根深、材质硬，需要使用坎土曼、铁锹和锄头把它刨出来。

中午，他们就在戈壁滩上就餐，围坐在一起，看着上午的劳动成果，心满意足。吃完饭，稍事休息，又继续劳作。天黑前，他们要赶回家，十几公里路。

戈壁滩上没有路，下山都需要边走边找，尤其是拉着装满木柴的车子，更难了。坡度大的时候，养爷爷就用肩膀顶着柴垛以减缓车子的速度；过沟坎的时候，养爷爷和爸爸在车子前面拉着，姑姑在后面推，让毛驴轻松一些。

养爷爷性格开朗、豁达，没有什么事能难倒他。因为当兵的经历，有一段时间，他经常晚上被叫去开会。奶奶不放心，总是叮嘱他小心一些。养爷爷轻描淡写说："我带着板凳呢。"

养爷爷心地善良。有一次，团场有涨工资的机会，他主动把自己的名额让出来，说要把机会留给更困难的家庭，自己家里两个大孩子都工作了，没有太大负担。还有一次，养爷爷带着小姑去商店，有个小偷趁人多从养爷爷袋子里偷钱，正好被逮个正着。几个人要动手打小偷，养爷爷说："别打了，他家里人多，老婆又没有工作，让他走吧。"

每次扫墓的时候，我都会在心里和两位爷爷说说话。虽然没有见过他们，但是，我能感受到他们给予的爱。因为这份爱的力量，我们的家族才能有今天的和谐。

爱的突破

了解了爷爷的故事以后，我现在更能理解我的父亲。四岁就失去父亲的他，跟着奶奶从湖南老家到遥远的新疆，是多么不容易。父亲曾经在新疆的招生办公室工作。招生期间，他和同事们都需要在酒店里住几个月，哪里都不能去，直到招生工作结束后才可以回家。

有一天，父亲下楼抽烟，看见有一个人在酒店门口徘徊，表情很焦急。父亲忍不住上前问他："你在这里干吗？"经过简单的沟通，才知道他是一位家长。孩子高考成绩很不错，达到了某"211"高校的录取分数线，可是体育老师把孩子评为有残疾。父亲让他第二天把孩子带过来看看。经过评估，父亲发现孩子确实不属于残疾，于是就和大学的老师说明了情况，这个孩子最终被这所大学录取了。父亲用他的行动教育我：爱是帮助需要的人，哪怕是陌生人。

母亲每次出去旅行都会买点东西，哪怕这些东西不是很需要。她说："那些人也不容易，能支持就支持一下吧。"母亲用她的行为教育我：爱是善良与关怀。

家人的爱是就像一艘船，带我穿越恐惧的海洋，给予我安全感，让我在风雨中找到归宿。在是否生二胎这件事情上，因为感到爱的力量，我突破了内心的困境，并走出了产后的阴霾。

三十二岁生下女儿的时候，我经历了痛苦的剖宫产，而且还得了产后抑郁。虽然我知道先生很想再要一个孩子，但我实在没有勇气再经历一次那样的痛苦。随着年龄的增加，我能感受到先生对二宝的渴望，实在忍不住时，他会问一句："咱们什么时候准备要二宝啊？"见我不回答，他也不好继续追问。我很感激他这些年给予我的尊重，让我有勇气不断探索生命的意义。

有一天夜里，看着身边熟睡的先生，我问自己："你爱这个男人吗？你知道他最想要的是什么吗？你愿意为他再突破一次吗？如果不考虑其他人的感受，我愿意生二宝吗？我要不要重新体验一次做妈妈的感觉，或许这次会有很大的不一样。"

作为独生女，我经历过父亲和母亲同一时间住院的无助和无力，让我明白家庭中的陪伴和力量是多么重要。我有时候也会想，如果女儿可以多一个弟弟或者妹妹，不仅多一个人陪伴她成长，未来面对生活的挑战和困难时，也多一份力量。

我很庆幸自己的选择，让我的人生更加圆满。

👥 **小结**

　　爱是一种奇妙的力量，能够重新点燃人的希望之光。它是我们生活中最强大的驱动力，让我们在挫折中找到勇气，在困境中找到力量；它能帮助我们跨越困难，重拾信心，重新定义自己。每一次重生，都是爱的延续，是重新认识和理解自我的过程。在这个旅程中，爱不仅给予我们力量，而且教会我们付出、宽容和成长，让我们从被爱中发现新的开始，拥抱未知，继续向前。

　　闺蜜维忆说："袁博，你活出了很多人想拥有的美好人生的样子，你要把这些经验整理出来并传授他人，这样可以帮助到更多人。"她的鼓励，成为这本书面世的动力。我也希望能通过这本书向大家展示我从无知走向智慧的体会，达到传递爱的力量。同时，我也把原来的《效率手册》进行更新，并重新命名为《重塑人生效率手册》。

04　重塑人生手册

　　2020 年底的一个晚上，我做了一个不同寻常的梦。梦里出现了一本神秘的笔记本，内容是各种表格。醒来后，我还清晰记得梦境中的内容。于是，我迫不及待地把那些表格一个一个画出来。仅用了短短一周的时间，在纸张上画出了所有表格。

　　当我和朋友们分享时，他们都震惊不已，还引起了艺术家"荷香点大王"的兴趣，决定帮我用"二丫"的角色呈现出来。这就是《重塑人生效率手册》的初始版本。

　　重塑人生分为三个阶段。第一阶段：健康和关系，是重塑人生体系牢固的基础。第二阶段：财富和状态。第三阶段：迈向美好世界。为了方便大家记忆，现在，请伸出一只手，左手或者右手都可以，五个手指从小指开始，分别代表健康、关系、财富、状态和美好世界。

美好世界

状态
财富
关系
健康

健　　康

小指是手指中最娇小、最柔弱的指头，然而，它在与其他手指合作的过程中使手掌更加灵活。正如我们的健康一样，非常脆弱，需要精心呵护。只有悉心照顾好自己的健康，我们才能拥有更加多彩的生命状态。

在《重塑人生效率手册》里，有"健康管理坐标体系"表格，旨在帮助每个人时刻关注并监测自身的健康状况。通过持续关注健康状态，我们才能建立起坚实的生命基石，迈向更加健康和充满活力的未来。

我们可以根据每年的体检报告判断自己是否存在亚健康，同时根据《重塑人生效率手册》给出的健康习惯表格进行评估，包括体

重、身体质量指数（BMI）、腰围、体脂率、血压、血糖、尿酸等
指标，还有每天的喝水状况、是否按时吃早餐、是否有保持锻炼的
习惯、是否有补充营养等方面的情况。

关　　系

无名指与心脏紧密相连，代表关系，在许多文化中被视为佩戴
婚戒的理想位置。当我们拥有良好的自我关系、工作关系、亲子关
系和夫妻关系，才能拥有更多能量，为这个世界作出贡献。

史蒂芬·柯维先生在《高效能人士的七个习惯》中使用"情感
账户"来解析人际关系中产出与产能平衡的原理：所谓情感账户，
储存的是增进人际关系不可或缺的"信赖"，也就是他人与你相处时
的一份"安全感"。能够增加情感账户存款的，是礼貌、诚实、仁慈
与信用。

正如身体经常需要食物以保持健康一样，人际关系也同样经常
需要营养。我们可以通过评估自己与他人之间情感账户的存款和提
款情况来审视双方的关系。在《重塑人生效率手册》里，建议使用
"美好关系银行"来记录生命中最重要六个人的情感账户信息，包括
他们的联络方式和家庭地址。

财　　富

中指是最长的手指头，具备强有力的握持能力，代表财富。财富为我们提供经济上的安全感和稳定性，提高生活质量；它可以创造更多的选择机会，助力实现个人目标和梦想；它还可以用于支持和帮助他人，实现社会价值。

每个人想要实现财富自由并不容易，需要考虑 plan A（计划 A）、plan B（计划 B）和 plan Z（计划 Z）的起始收入、主要来源以及财务规划；除了个人要有规划以外，还要考虑家庭财富规划。

在《重塑人生效率手册》里，包括"财富管理坐标体系""全年 ABZ 计划"和"全年财富配置计划"。这些工具旨在帮助人们更好地管理和增值自己财富，为未来打下坚实的财富基础，并确保财务稳健的增值。

状　　态

食指是最灵活的手指头，通常用于指向物体或者进行精确的操作，代表状态。人的状态直接关联着情绪和心理健康，影响我们的决策和行为方式；影响我们与他人的交往和沟通；还会影响我们的工作效率和生活质量。

我们需要关注自己的情绪和真实状态。在《重塑人生效率手册》里，鼓励大家通过阅读、观影、旅行、植物种植、冥想、瑜伽和技能提升这七大平静状态管理体系来提升自己的状态。借助这些工具，我们能够更好地管理压力、处理困难和保持情绪稳定，让自己处于更加冷静的状态下，有助于更好地应对生活中的各种挑战。

美好世界

大拇指是最强壮，也是最重要的手指头，它在手部的功能和支撑作用方面至关重要，代表美好世界。"美好世界"传递着一种富足丰盈的状态，当我们完成了第一阶段健康和关系的基础建立，第二阶段财富和状态的建立，就可以迈向美好世界的阶段。

当我们懂得关注健康、建立良好的人际关系、合理管理财富并保持良好的状态时，我们像是用大拇指握住了生活的方向盘，能够更自如地驾驭自己的生活，让自己更加自信地前行。当我们把握住健康、关系、财富和状态时，仿佛获得大拇指的"美好世界"，为自己竖起大拇指点赞。

美好世界包括人与环境、人与文化、人与社会，是一个多元、和谐的生活图景，涵盖了与自然和谐相处、文化的传承与尊重，以及建设和谐社会等方面的重要内容。

1. 人与环境

环境是人类赖以生存的栖息地，是社会发展的基础。尽管来自不同的国家，有着不同的肤色，但是，全世界的人们都在共同努力保护环境，追求人与环境和谐相处。其中，土地提供了我们赖以生存的资源，是我们生存的基础。

生活在都市中的每个人，也许忘记了农耕的场景，因此，我们可以创造更多机会，体验农耕劳作的乐趣。在享受新鲜空气的同时，通过农耕锻炼身体，感谢土地赋予我们粮食。这种亲近土地的体验不仅让我们更加感激大自然的赐予，还能够唤起我们对环境保护的责任感。

在《重塑人生效率手册》里，我们可以写下愿意为环境而做出的努力。例如，参与环保活动、减少能源消耗、提倡垃圾分类、推广环保小妙招、提高环保意识等。这些看似微小的行动，都能为环境的改善和保护贡献一份力量。在手册中记录这些行动，不仅能激励自己坚持环保的决心，也有助于激发他人加入环保事业中来，共同为创造更美好的环境而努力。每个人都可以在保护地球的道路上留下独特的足迹。

2. 人与文化

人类创造了文化，同时文化也在塑造人类。文化承载着人类的集体智慧，既源于自然，又随着人类的发展而不断演变。我们可以共同创造一个和谐包容的文化，互相滋养，和谐相处。

作家梁晓声曾说，文化是植根于内心的修养，无须提醒的自觉，以约束为前提的自由，为别人着想的善良。这就是文化。对普通人而言，我们每个人的行为都可以成为构建和谐文化的一部分。

故事是传播人类文化的一个有效途径，自人类诞生的那一刻起，开始记载和传播各种故事。无论是日常生活中的琐事，还是史诗般的英雄壮举，故事是一种把我们内心想法传达给他人的有效工具。

通过故事，我们可以讲述一个更大的背景下的具体事件，引发共鸣，跨越时空、文化，促进彼此之间的沟通。这也是我从建筑行业转行做纪录片导演的原因。纪录片里每一个真实的主人公故事，有很强的影响力和穿透力。我也常常收到观众的邮件，告诉我这部片子对他们的影响。

3. 人与社会

每个人都可以从自己开始，深入了解自己，感受成长带来的喜悦，当深入了解自己并接纳自我时，能够与他人建立真挚而丰富的关系。

同时，在美好的世界里，找到同伴，和其他人和谐相处，感受同频相惜的快乐。在彼此的陪伴和支持下，更好地应对生活中的挑战，分享喜悦，创造出一个更加温暖和美好的世界。

我们在一起，就像一滴水融入另一滴水，就像一束光簇拥着另一束光。因为我们知道，唯有点亮自己，才有个体的美好前程；唯有簇拥在一起，才能照亮国家的未来。

——《像一束光簇拥另一束光》（摘自《南方周末》）

我们与社会交织在一起，就像血液在身体中流动一样。我们是社会的组成部分，自己的行为和思想如同血液般贯穿着社会的每个角落。社会是我们共同生活的舞台，是每个人经历和塑造的环境。

在这个充满挑战的世界里，我们的每一次善举都如同一个涟漪，扩散着温暖和正能量。不论善举的大小，它们都在共同构筑着一个更加美好、充满爱和关怀的社会。将这些正能量传递出去，激励更多人加入我们的行列，让公益事业的种子在每个人的心中生根发芽、茁壮成长。因为唯有共同努力，我们才能书写出更加辉煌的人类文明篇章。

小结

　　人们所追求的幸福感，不仅是一种快乐和满足，更需要具有价值和意义。根据存在主义心理学家维克多·弗兰克尔的说法，寻找生命意义的三条途径，分别是工作（做有意义的事）、爱（关爱他人）和拥有克服困难的勇气。他在《活出生命的意义》一书中写道："苦难本身毫无意义，但我们可以通过自身对苦难的反应赋予其意义。"

　　苦难是转折的时机，它让我们陷入混沌，同时也赋予我们突破困境的勇气。这是一次绝佳的重生机会。希望大家每日能在《重塑人生效率手册》陪伴下，穿越迷雾，迎接新生活。

第二章
重塑健康

如果体检报告呈现身体出现亚健康状况，会有潜在的健康风险时，你会感到焦虑吗？如果医生给你出具了一张诊断单，确定你得了某种疾病，你会感到担忧吗？

即使没有被明确诊断得了某种疾病，但并不意味着我们的身体处于"健康"的状态。因为疾病不是突然发生的，而是一个长期而持续的过程。每当我们"看见"身体已经出现问题的时候，其实疾病早已悄悄潜伏在我们的身体里了。

奥地利知名医生马耶尔一直以来都在提倡"健康科学"，反对"疾病科学"。他曾在《健康诊断》一书中提出，所谓健康，不仅是没有生病，而且是可以简单地判定以下三种情况：

（1）个人健康状态偏离最佳状态多远；

（2）个人健康是否已经改善或恶化；

（3）何种因素对健康有正面或者负面的影响。

如果十分重视自己的身体状态，定期进行身体检查，关注各项指标数据，并警觉疾病发出的信号，或许，在疾病尚未严重影响自己身体的时候，就能提前察觉它的存在。如果不是女儿得了湿疹，我不会去关注食品和饮用水的安全问题；如果不是母亲得了抑郁症，我不会去关注情绪问题。

　　年轻的时候，我基本忽略健康这件事，尽管身体多次给我发出疾病信号，我都置之不理。我很清楚自己的肠胃比较弱，每次去做中医调养的时候，医生总会提醒我：吃饭不要太快，少吃寒凉的食物。但是，我回到家以后，就把医生的提醒彻底忘记。

　　直到有一天，我的胃发出强烈的"抗议"，让我剧痛难忍，疼得在床上打滚。我终于下定决心，改变不好的生活习惯，减缓吃饭速度，并且少吃寒凉的食物。为此，我在朋友圈发起了"细嚼慢咽"的二十一天打卡计划，以提醒自己坚持改变进餐习惯。

　　身体是自己生命的根基，是实现梦想、追求目标的关键所在。保持身体健康不仅意味着减少疾病风险，更重要的是它为我们的生活注入了活力。健康不仅是健康饮食和锻炼的问题，而且包含了心灵和情感的健康，因为它们直接影响着人的整体健康状态。

　　改变习惯，对任何一个人来说都不容易。当自己意识到改变一个不良的习惯可以给健康带来良好变化时，持续的努力才能让改变起到作用，并对健康产生积极的影响。唯有如此，才能真正享受生活，追求梦想，并成就最好的自己。

01　预防性的治疗

　　美国洛克菲勒大学分子免疫及细胞生物学兼任教授杨定一博士在其著作《真原医》中言道:"医学的发展不应只着重在疾病诊断与治疗,实际上,这是健康医学时代,预防医学与对症疗法都是重要的医学环节。"

预防疗法

　　女儿九岁前出现过两次皮炎。从最初的顽固阶段到渐渐恢复,从反复发作到发作周期逐渐拉长,我带着她走过了一段漫长的治疗之路。因为女儿的疾病,我开始关注疾病常识,发现了预防医学和对症疗法之间存在着很大的差别。

　　女儿第一次发病是在一岁,脸和胳膊上一夜之间出现了严重的湿疹。第二天，我带她去广州一家知名的私立医院就诊，医生确诊为婴儿湿疹，然后给她开了涂抹的激素类药膏以及润肤膏。回家后，我按照医嘱给她擦用，一周后，痊愈了。可是，几个月后，湿疹再次发作，我又不得不再次带着孩子去诊所拿药。如此来回反复，我经历了多次折腾。

我曾问医生："这种湿疹没有治愈的方法吗？这样反复发作，孩子痛苦，大人也忙碌啊。"医生的表情给我留下深刻的印象，他无奈地摇摇头，说道："湿疹就是容易反复发作，这个病，目前还没有彻底治愈的方法。"

"那我在孩子湿疹发作之前有什么预防办法呢？"我问道。医生回复："平时多注意保湿，但是说实话，湿疹发作是无法预测的，只能在发作后及时到医院治疗。如果孩子身上没有症状，无法进行诊断，只能根据出现的症状给出相应的治疗方案。"

等孩子湿疹发作，再去医院治疗，岂不是太被动了？有没有可以预防它发生的方法？我开始在网上寻找临床案例，还找到小区里同样得湿疹孩子的妈妈们打听，了解是否有更好的应对方法。

其中一位妈妈和我分享了她女儿应对湿疹的方法。首先，她把家里含有有害成分的清洁用品全部换掉，换成成分安全的清洁用品，包括居家和衣物清洁剂；其次，给孩子涂配方安全的润肤霜，确保孩子的皮肤湿润；还有益生菌。我采用了。经过一段时间的调理，女儿的湿疹再也没有像以前那样频繁发作。

女儿第二次发病是在小学一年级，双膝后面突然出现了两大片红疹，奇痒无比。女儿常常忍不住去挠，晚上也睡不踏实，我也心急如焚。后来，孩子的一位同学的妈妈给我介绍了一家中医机构，说她女儿也曾患有类似的皮肤病，到全国各地求医无果，最后是在这家机构治好的。

我带着女儿去就诊，医生仔细观察了孩子的皮肤情况，并详细询问了她的日常饮食及生活习惯。半个小时后，医生说，这是特应性皮炎，中医称为"四弯风"，然后，她递给我满满三页纸的治疗方案，涉及外治、内服、食疗、禁食、情绪调节以及生活习惯等各方面的注意事项（例如，要穿袜子，不能赤脚）。她表示，特应性皮炎的复发率很高，孩子六岁，正处于治疗的关键阶段，耐心调养后可以达到不再复发的效果。

医生的话让我充满信心。我严格按照治疗方案执行，毫不马虎。即使女儿身上没有出现红疹，我也定期带着女儿去复诊，医生提供了调养方案，并且建议持续调养，让孩子的皮肤更加稳定且提升免疫力。

在治疗湿疹的三年，最初需要每两天去一次诊所，进行拔火罐、艾灸和打穴位针，回家后还要给女儿熬一大锅中药泡澡，然后再敷药。孩子的饮食严格按照医生提供的食物清单执行。我把食谱清单贴在冰箱上。随着女儿的免疫力的提升，治疗频率逐渐减少，慢慢放松对食物的要求。

有些家长看到我女儿调养得不错，问我用西医治疗方案好，还是用中医治疗方案好。对此，我也咨询过身边医生，有一位很智慧的中医这样回答："中医和西医各有特色，它们并不对立，而是给了我们更多的选择。能够解决自己身体问题的疗法，就是好疗法。"

西医是对症疗法的实证科学，针对不适的部位加以解决问题。杨定一博士说："站在西医的观点，人体是由种种生理变量组合而成。生理上的种种变量会相互影响，当生理变量呈现不均衡的状态时，就是疾病的根源。"

中医学认为，人体是一个对立统一的整体，在正常的情况下，脏腑、经络、气血等，都处于相对平衡的状态，以维持生理活动，适应外界环境的变化，保持健康状态。如果某种或数种因素的影响，超越了人体的适应能力，而人体又不能通过自行调节加以适应，造成人体内部以及人体与外界环境之间的失衡，人体生理活动就会发生障碍而产生疾病。

中医著作《临证先读》提到，任何一个症状，都是在某种或几种病因的影响和作用下，机体所产生的一种病态反应。因此，在分析疾病时，除了掌握各种病因的性质和特点外，还要以各种病症的临床表现为依据，并通过分析疾病的症状（病人主观觉察到的不适或异常现象，如头痛，小便短赤等）和体征（医生检查病人所发现的异常现象、如舌象、脉象的变化，痛处的反应等）找出治病原因和病变的机理，从而作出正确的诊断。

在治疗女儿的皮肤问题上，我从对症下药，逐渐向预防医学过渡。在综合方案调理下，女儿的特应性皮炎痊愈后，很久没有复发。她偶尔嘴馋，在学校偷买一些黑名单食物，吃了之后出现一些红疹，经马上处理，也能很快恢复，不会像第一次那样，长时间无法消退。作为一名普通的妈妈，我根据医生的详细医嘱对孩子的情况进行评估，调整预防方案，从而达到预防复发的效果，这真是令人惊喜的发现。

根据医生的建议，我为女儿制定了一个"健康"方案，同时，我把这个健康体系应用到家庭的每一位成员，形成了家庭"健康体系"，共同培养良好的生活习惯、关注饮食和锻炼，以及建立健康的心理状态。

调节免疫力

免疫系统的职能是识别身体的敌人并摧毁它们，是人体最卓越、最复杂的系统之一。它能在一分钟内制造数百万个"卫士"（科学上称之为"抗体"），识别十亿种不同的"侵略者"（科学上称之为"抗原"），并让它们"缴械"。

人体的免疫力，相当于整个身体的保护机制。如果出现伤口感染、肠胃不适 、经常有疲惫感、感冒不断等情形，可能预示着免疫力降低。

在我与医生探讨女儿特应性皮炎的治疗方案时，我也咨询了一位营养师朋友，她建议在配合中医治疗方案的同时要增加蛋白质摄入，并且要服用益生菌。

补充充足的蛋白质可以促使抗体的合成，从而保护细胞的免疫功能。作为蛋白质基本组成单位的氨基酸对免疫功能有着显著影响，大量的研究表明，经常补充氨基酸，可起到显著的免疫增强作用。

在选择益生菌时，我不仅考虑到益生菌的含量，还要考虑益生菌的吸收率，并且选择含有鼠李糖乳杆菌的益生菌。研究表明，鼠李糖乳杆菌被证明能够增强受试体重要的细胞免疫功能，增加自然和获得性免疫力。此外，该菌株还能舒缓和预防湿疹，有效对抗沙门氏菌、大肠杆菌等病原体，增强机体的抵抗力。

在平时，只需要做好两个方面，也可以增强自身的免疫力：一是保证足够的睡眠，二是善待自己的脾胃。在盛夏酷热的季节里，很多人的生活方式和饮食习惯格外不规律，熬夜和食用过多冷饮食品，都会伤到身体的脾肺。《黄帝内经》里面有句话叫"形寒饮冷则伤肺"，是说身体本来已经受凉了，冷饮在胃里需要再加热到36.5度，这就需要耗费更多能量。因此，受凉后尽量喝温水。

现代人的饮食都偏肥腻，或辛辣，或寒凉，这也是让身体的脾胃变得虚寒的原因之一。如果身体受到外部侵扰，往往难以组织起有效的防护，会出现小疾病难愈的状况。

以下是八种容易出现免疫力低下的人群：

第一种：爱烂嘴角的人，频繁出现"烂嘴角"的情况，很可能是个体免疫力太差的表现；

第二种：鼻子爱出汗的人，在情绪激动、精神紧张、劳累、活动和讲话过多时，鼻子容易出汗，这类人群更容易反复感冒；

第三种：太爱干净的人，人体免疫系统需要不断经过外界的驯化来逐渐提高对病原体的抵抗力，如果太爱干净，免疫系统得不到锻炼，久而久之，免疫力会越来越差；

第四种：情绪低落的人，闷闷不乐、情绪紧张、心理压力大的人比乐观开朗的人免疫力更差一些；

第五种：挑食的人，长期挑食、偏食的人往往因营养摄入不全而导致免疫力差，继而引发许多小疾病；

第六种：常当"夜猫子"的人，日出而作，日落而息，是大自然的规律，与大自然的生物钟相悖的生活方式容易打乱身体系统的正常运作，从而导致免疫力下降，增加患病的风险；

第七种：不爱运动的人，不运动的人，身体气血运行慢、肌肉松弛无力，免疫力下降，更容易感染疾病；

第八种：过度进食的人，过度饱食可能导致食积或食滞，久积化热或久积致虚，进而导致免疫力降低，出现反复感冒和咳嗽等问题。

那么，该如何补救呢？在《随息居饮食谱》中提到一种有效的方法，即多喝浓米水，这也是民间常讲的"米汤赛参汤"。因此，平时除了保证足够的睡眠以外，多喝一些米汤，这也是一种有效的补充方式。

米汤的煮法还很讲究，采用小火熬煮，并在煮的过程中不停地搅动，这样才可以充分释放米中的油分，直至米汤上面漂着一层米油。这样的米汤才是温养脾胃之物，不仅能增强身体的免疫力，还有助于抵御外在疫疠之气的侵入。需要特别注意的是，使用高压锅或者具有快煮功能的锅是无法熬出米油来的。

2023 年 9 月，我启动《重生》纪录片的拍摄。第一集找到三位朋友跟踪采访，其中两位朋友曾经患过癌症。在采访的过程中，我了解到疾病背后形成的原因多是由不良的生活习惯造成的。当他们决定做出改变的那一刻，生命也发生了奇妙的变化。我不得不感慨，人体具有强大的自愈力。

健康习惯

前段时间，我和女儿一起整理她之前的绘本时发现了一套绘本——《培养好习惯，做最好的自己》。这套绘本涵盖了儿童成长过程中可能会遇到的各种习惯问题，包括个人卫生、不挑食、保护视力、学会友爱和做事认真等。

不仅孩子需要培养良好的健康习惯，成年人同样需要关注自己的生活方式。尽管很多人知道养成良好生活习惯的重要性，但是，真实情况往往不是这样。一些人通过极端的节食方式减肥，或者晚上经常熬夜，或者不按时吃早餐，长此以往，健康肯定是受影响的。

2020年，我通过调整饮食，在几乎没怎样锻炼的情况下，瘦了七公斤。因为我的食谱比较个人化，这里就不公开了。但是，在减肥过程中有一些心得，分享给大家：早餐要注意营养搭配，早上饭后喝益生菌；每天要喝足够的温热水，小口喝；戒掉甜食和夜宵；可以吃主食，用杂粮代替精米；戒咖啡，如果一定要喝，就喝黑咖啡。

良好的习惯是身体健康的保障，也是我们生活的基础。尽管现代人的经济水平得到了显著提高，人均寿命也在不断延长，但是整体健康状况似乎并没有得到明显改善，各种疾病不断出现并且日趋年轻化，尤其癌症的发病率。究其原因，多是生活习惯使然。

🧑‍🤝‍🧑 小结

　　预防胜于治疗的理念，就是在生活的舞台上为自己搭建一座健康的大厦，大厦是由关爱、自律和积极生活态度等每一块砖铺就的。这并非只是一种医学策略，更是一种生活的态度，是对自己身体负责的独特方式。

　　预防医学，如同一面强大的护盾，可以在疾病来临之前提前警觉，并及时采取科学的预防策略。这不仅包括定期体检，更涉及对身体的及时感知，对生活方式的积极调整，以及对身体信号的敏感洞察。

　　关注健康，不仅是对身体的全方位呵护，更是对生命负责的表现。在这个美好的旅程中，让我们携手迎接每一天，感受身体自由奔放的活力，真正实现健康、快乐的生活。

02　聚焦健康

　　随着人们生活水平的提高和科技的进步，人们享受到了前所未有的生活便利，但也面临着一系列与健康相关的安全陷阱，主要包括食品安全、用品安全和饮用水安全，这些都关乎每个人的切身利益。

食品安全

　　有一次，父亲去江边散步时用三元钱从钓鱼人手里买了一条很大的鱼，觉得自己占了便宜，晚上做了一顿红烧鱼。结果，一入口，鱼肉里有一股非常强烈的汽油味。得知鱼的来源，我们赶紧扔掉。因此，我们要尽量选择规范场所的食品，不能为了省事和省钱而随意购买有安全隐患的食品。

　　食品是每个人身体所需营养的来源，若食品质量不合格，不仅影响人的身体健康，还可能导致严重的食物中毒事件。因此，我们应该关注食品的来源、生产过程以及贮存和加工方式，尤其是蔬菜和水果。

绿色食品是我国农业部门推广的认证食品，分为 A 级和 AA 级两种。其中，A 级绿色食品生产中允许限量使用化学合成生产资料，AA 级绿色食品则较为严格地要求在生产过程中不使用化学合成的肥料、农药、兽药、饲料添加剂、食品添加剂和其他有害于环境和人健康的物质。从本质上讲，绿色食品是从普通食品向有机食品发展的一种过渡性产品。

有机食品，也称生态或生物食品，是指以有机方式生产加工的，符合有关标准并通过专门认证机构认证的农副产品及其加工品，包括粮食、蔬菜、奶制品、禽畜产品等。经过近几年的发展，有机食品已经度过了相关发展时期，越来越规范。有机食品在生产加工过程中绝对禁止使用农药、化肥、激素等人工合成物质，并且不允许使用基因工程技术；有机食品在土地生产转型方面有严格规定，而且在数量上进行严格控制，要求定地块和定产量。

有一天，女儿提出想和同学们一起去采摘草莓。为了不打消她与同学们体验和玩耍的乐趣，出发前，我一再和她确认，在摘草莓的过程中一定不能直接食用，必须经过清洗。达成共识后，她愉快地出发了。

　　有些孩子的妈妈也问过我，如果样样都要留意，会不会太矫情了。这是一个非常好的问题，关于健康这一点，做妈妈的就是要处处留意。此外，我想分享一些建议，帮助您在家庭中保持健康饮食：

　　（1）主食：以植物性食物为主，增加全谷物的摄入量，同时减少精白米面的摄入，多样化的主食有助于身体获得更全面的营养；

　　（2）蔬菜：在保证摄入充足蔬菜的基础上，尽量选择深色蔬菜，如果能够生食最佳，或者打成汁直接喝，但一定要用安全的清洁剂去除残留的农药；

　　（3）水果：选择当季水果，尽量选择本地产的水果，当地取材最佳，不仅可以确保新鲜度，还可以减少运输过程中营养的流失；

　　（4）豆类及豆制品：增加富含蛋白质的豆类及其制品的摄入量，这是健康的植物性蛋白来源，如豆腐、豆浆等；

　　（5）肉类和蛋：多样化肉类的搭配，适量增加水产品的摄入量，适量摄入蛋类及其制品，也有益健康；

　　（6）调料：控制油、盐和糖摄入量，选择更健康的调味品，如橄榄油；

　　（7）进食习惯：细嚼慢咽，专心享受每一顿饭，有助于身体的消化吸收；

　　（8）食品来源：选择可靠的食材和食品品牌，确保其符合相关的安全标准，以保障您和家人的食品安全。

用品安全

用品安全也是一个备受大家关注的话题。我们日常生活中使用的各种用品，有可能包含一些有害物质。2017 年，我的邻居给我做了一个展示，杀毒剂竟然可以把头发溶解得一干二净。我非常震惊，从此以后，我认识到清洁用品对人体健康的潜在威胁，并开始关注家用清洁用品。

2018 年 2 月，一项历时二十年的独立研究，由九个国家的二十八名国际研究专家整理制作的研究报告《家务清洁、专职清洁与肺功能衰弱和呼吸道阻塞之间关系》，公布了一个很多人忽略的事实：使用氨、氯性漂白剂和季铵盐等消毒化合物和其他危险化学物质生产的日常清洁产品来清理房间，会严重损害肺部组织。即使每周仅使用一次这类产品，对呼吸健康造成的危害相当于持续二十年每天吸二十支香烟。

在女儿治疗皮肤病期间，医生强调禁止用任何防晒和润肤产品。于是，我开始搜索了一些儿童护肤用品安全性以及配方的新闻。当我看到某大品牌都因为产品的安全性而被罚款的新闻时，我劝朋友安安换用品牌，她反问我："我奶奶一直在用洗衣粉（含有毒化学成分的），她也没什么问题啊。"

也许很多人都有这样的疑问。我问安安："奶奶之前吃的东西没有污染吧？喝的水也很干净吧？平时也不会用化妆品涂抹脸，也不熬夜，作息很规律吧？"正因为如此，奶奶没有受到更多伤害。而我们呢？不言而喻。

对我们身体造成伤害有众多途径，现在能规避一个是一个，以此降低对身体造成的潜在风险。作为消费者，我们需要培养选择安全用品的思维，有效地降低暴露于有害物质环境的风险，更重要的是，我们可以从自身开始，推动市场对更安全、更环保的产品进行生产。

1. 不要盲目相信品牌

市面上有很多"火爆"的产品，"火爆"的原因，往往是源于明星代言或者网络上的达人推荐。当他们抢占我们心智的时候，很容易对该产品产生好感。需要注意的是，好感与产品质量不能画等号。即使是知名品牌的产品，也有可能存在安全隐患。

因此，我们要擦亮眼睛，通过深入了解产品的制造过程、成分以及用户反馈，谨慎挑选，确保选择的产品是安全的，从而最大限度地降低因使用产品而带来的风险。

2. 通过产品标签识别有害成分

第一，氯性漂白剂。它虽然具有漂白的作用，但不能有效清除污垢。研究发现，每天使用两次氯性漂白剂，有可能增加诱发哮喘的概率，永久性损伤皮肤，攻击呼吸系统中的细胞膜，甚至可能致命。

第二，磷酸盐。它经常被添加在洗衣产品中以达到更好的清洁效果，但是，过多的磷酸盐会导致藻类野蛮生长，导致鱼类和水生植物死亡；含有磷酸盐的废水还有很强的腐蚀性，会对环境产生很大的危害。

第三，氨。它经常被添加在玻璃清洁品中加强清洁力，但是具有刺激性和腐蚀性，接触会导致鼻腔、喉咙和呼吸道被灼伤。

第四，邻苯二甲酸酯。它常被添加在指甲油当中。研究发现，邻苯二甲酸酯与哮喘和乳腺癌有着密切关联，而且还会影响男性和女性的生殖系统。

第五，甲醛。它会引起皮肤过敏和流泪，引发眼睛、鼻子和喉咙的灼热感，以及咳嗽、哮喘和恶心反胃。通常存在于洗衣粉和柔顺剂中，还有可能存在于一些家装产品中。

第六，研磨剂。有一些清洁粉会加入硬质颗粒，可能会损坏水槽和淋浴房，并使其表面磨损，被磨损的表面会成为危险细菌生长和繁殖的隐匿场所。

第七，三氯生。一些消毒剂中会添加三氯生成分来杀灭格兰仕阴性菌和阳性菌，但长期接触三氯生会使细菌对抗生素产生抗性。

第八，季铵盐。它被常用于添加在消毒剂当中，摄入会对人体造成毒害。事实上，它们对病毒并没有那么有效。

上述这些高效的成分经常被添加在家用清洁产品当中。尽管这些产品便宜且有效，但它们对我们的身体健康造成的潜在危害不可忽视。因此，我们应尽量选择不含有害成分的清洁用品，以确保居住环境更加安全和健康。

饮用水安全

饮用水安全是我们生活中不可或缺的一部分。纯净的饮用水对维护我们的身体健康至关重要。政府在确保公共水源的纯净和安全的同时，个人也应该有意识地节约用水，减少对环境的压力。

陆羽在《茶经》中曾指出："其水，用山水上，江水中，井水下。"他强调，山水最好，次之为江水，而井水被认为是最差的水源。饮山水，最好挑选流经石隙间的泉水。如果是山谷中停滞的死水，饮用前需要先疏导滞水，使泉水涓涓流入，方可饮用。

第四届世界水论坛提供的联合国水资源世界评估报告显示，全世界每天约有数百万吨垃圾倒进河流、湖泊和小溪，每升废水会污染八升淡水。

家庭常见饮用水的消毒方法有物理煮沸法、漂白粉消毒法、臭氧消毒法、紫外线消毒法和过滤消毒法。国际卫生组织对其灭菌功效进行了归纳比较，认为臭氧与其他性质杀菌剂对大肠杆菌的杀灭效果依次为：臭氧 > 次氯酸 > 氧化氢 > 银离子 > 次氯酸根 > 高铁酸盐 > 氯胺。

家庭健康管理

在日常的忙碌中，我们常常忽略了对家人的关注，尤其容易忽略家人潜在的健康问题。制定家庭健康管理体系，不仅是一份计划表，更是一份对家庭成员的深切关爱，通过培养良好的生活习惯，预防疾病的发生，不仅能够享受当前的幸福时光，还能够为子孙后代创造更为健康的生活环境。

在《重塑人生效率手册》中，健康管理坐标体系是非常重要的板块，适用于全家人。

家人定期体检规划：为了更方便随时监测，建议购买一台医用级别的检测器，特别是家里有超过六十岁的老人。养成按月检测的习惯，包括体重、血压、血糖、心率、睡眠呼吸、尿酸数值等指标。如果家庭成员已经被诊断为高血压、糖尿病和冠心病等，测试的频率可以根据身体状况适度增加。

家庭免疫力规划：全家一起进行适当的运动，制订补充营养素计划，保证睡眠，增强免疫力，日积月累方见效果。

家庭饮用水规划：水是生命之源，关注家人每天饮用水的数量。

喝水的多少也受年龄、环境以及身体活动的影响。尿酸高病人应适当增加每天的摄水量，而水肿病人适当减少摄水量。不要饮用未经净化的水。

家庭医疗资源规划：在女儿同学家长的推荐下，我找到了经验丰富的医生，为孩子调养身体。其间，她遇到的任何健康问题，医生都给出相应的解决方案，让我非常省心。我母亲由于长期腰部劳损以及腰椎间盘突出，我也给她找到了某药科大学的老师，让她每周上门理疗。看到她越来越轻快的身体，我也是很安慰。每个家庭可以根据家人的情况，做一个属于家人的医疗资源库，根据不同情况选择不同医生。有些慢性病，需要长期调养，提早做准备，为家人健康护航。

家庭保险规划：保险的关键是要考虑成年人的大病医疗保险及孩子的医疗保险，作为社保的补充。找专业人士，根据家庭的需要给予建议和规划。

重塑家庭健康是一个系统工程，从日常生活入手，完成当下可以做的事情，例如，给家人换个净水器，或者换个安全的用品品牌，或者请专业人士为家人做一个保险计划。

重塑家庭健康，就是从一件件小事做起。

小结

　　综上所述，我们不仅要注意食物的选择，也要注意使用的物品。长期食用、使用对身体没有持续性危害的食品和用品，是指食品和用品无毒、无害，对人体健康不造成任何急性、亚急性或者慢性危害。

　　从现在开始，关注这方面的知识，并改变家庭每个人的生活习惯，是家庭健康的基础。一个小小的改变，就是开启了重塑健康按钮。

03　营养均衡的重要性

著名营养学家阿德勒·戴维斯指出，你所摄取的营养将在很大程度上对你的身体产生影响，你可能身体虚弱，也可以精力充沛。

可见，营养对身体健康有着深远的影响。每个人的健康状态很大程度上取决于自己日常饮食中所获得的各种营养元素。

初识营养学

我三十二岁时，剖宫产生的女儿，对营养补充认识不足，身体恢复的过程相当辛苦。2022 年，我顺产生儿子时，因为对健康有了更多认知，而且已经持续六年补充营养素，因此，在坐月子期间就恢复到孕前的体重，整个人状态特别好。儿子也很好管，真的应了那句话：营养充足的宝宝，都是天使宝宝。

每当我分享这些故事时，有些朋友会有疑问。比如，敏敏老师，她曾认为吃营养素是"智商税"。后来，在我的指导下，她开始补充营养素，并真实地感受到身体的积极变化。

为什么我们需要补充营养素而先辈们没有这样的习惯呢？因为先辈们一直都是食用天然的食物，而且没有过度加工，也不存在空气污染和土地污染。现在，虽然加工食品让我们的生活变得便利，但加工过程也会破坏食物的营养，降低其营养价值，让我们的身体无法获取充足的食物营养，尤其无法补充足够让我们享受健康、活力人生所需的必要营养。其中铁、钙、镁、维生素等的欠缺尤为严重。因此，保持营养均衡的不二法则，是每天补充身体所需的营养元素，从而确保人的机能正常运作，对长期的健康和活力将很有帮助。

通过学习营养知识，我了解到有助于维持人类健康生活的营养素，主要分为两大类：巨量营养素和微量营养素。一般饮食中都富含巨量营养素，其主要功能为人体提供能量。虽然人体对微量营养素的需求量较少，但它们对人体健康十分重要。如果巨量或微量营养元素失衡，将造成严重的健康问题。

在母亲生病住院的那段时间，我首先考虑的是给她补充营养素。因为在她一个月暴瘦十六公斤后，身体里的钾元素严重缺失，医生告诉我，如果再晚送到医院一会儿，母亲将面临心脏骤停的危险。

女儿出现特应性皮炎时，食物名单中，牛奶被列入了"黑名单"。孩子没有办法喝牛奶，又处在生长期，我该怎么办？我很担心她因为缺钙而导致生长发育迟缓。后来，我咨询了专业营养师，她建议我给孩子补充钙乳营养素，并且在食品中多添加含钙的食物。

营养均衡

随着生活水平的提高，我国居民的膳食结构发生了较大变化：蔬菜和水果的摄入量有所下降，豆类和奶类的摄入量远低于推荐量，脂肪摄入量超过了推荐量。

我们忽略了营养不均衡有可能导致慢性疾病的发生。成人的高血压、糖尿病、高胆固醇均呈上升趋势。糖尿病、高血压、心血管疾病等慢性病与长期膳食不平衡和油盐摄入量密切相关。

人类需要的基本食物可以分为五大类：谷薯类、蔬果类、动物性食物、大豆坚果类和油脂类。这五大类食物是人类饮食的基石，为我们提供了维持生命所必需的各种营养。谷薯类富含碳水化合物，为身体提供能量；蔬果类则含有丰富的维生素和矿物质，帮助维持身体的正常运作；动物性食物如肉、蛋、奶等，为我们提供了高质量的蛋白质和必需的脂肪酸；大豆坚果类则是植物性蛋白的重要来源，同时还含有健康的脂肪；而油脂类则为我们提供了必需的脂肪酸，帮助身体吸收维生素。

小结

　　关注饮食的营养均衡是每个人实现健康、活力生活的基石。通过培养良好的饮食习惯，我们能够更好地应对生活中的各种挑战，享受更充实、更有质量的生活。健康的生活习惯将带来健康的人生，没有健康的人生，哪怕取得再多的好成绩也是空中楼阁。

　　据调查，大部分人很容易忽略身体发出的信号，并且也没有养成定期监测身体的习惯。因此，我希望通过《重塑人生效率手册》给大家提供一个工具，通过里面的表格提醒大家每周进行一次健康指标监控，养成按时进行健康指标监测、登记的习惯，及早发现问题、解决问题。

　　希望每个人都能对自己的健康状况有更清晰的认识，以便更好地预防慢性疾病，维持身体的良好状态。

04　掌握密码

很多人问我：作为一名纪录片导演，你为什么会研究重塑人生体系，研究健康呢？这完全是两个不同的领域啊。

那是源于我女儿和母亲。通过自己的经历，我更加深刻地认识到健康的重要性。原来，疾病不是表面的症状那么简单。我们需要深入疾病的核心，全心去探究疾病产生的原因，探求情绪对身体健康的影响。

人为什么会生病

2019 年 7 月，母亲开始出现了一些反常状况：每次吃饭都觉得自己吃不下，只吃一点点；除了吃饭，其他时间基本都躺在自己的床上，还要把窗帘拉住，不能透一点点亮光；拒绝和家人交流，对于我们的关心，她总是摆摆手，然后把我们赶出房门。短短一个月内，她暴瘦了十六公斤。

起初，我和父亲都怀疑，她是不是得了不治之症。怀着忐忑的心情，我带她去医院进行了身体检查。结果却让我很惊讶：除了因吃得少而带来的身体虚弱以外，整体状况并没有大碍。后来在医生的建议下，我带母亲去广州一所三甲医院的心理科就诊。经过检查后，医生确诊她得了重度抑郁症。

这一疾病把母亲折磨得面目全非。她本是一个非常爱干净的人，平时很注意个人卫生，生病期间，她拒绝刷牙洗脸，也不洗头洗澡。有一天，护士实在忍不住，对她说："阿姨，如果您再不洗头，整个病房都要臭死了。"在护士的协助下，我扶着母亲去病房淋浴间洗澡、洗头。她用空洞的眼神看着我们，似乎这件事和她没什么关系。我也一直百思不得其解，母亲怎么就会生病呢？她怎么就变成我们都不认识的样子呢？直到我真正了解情绪、健康和疾病的关系。

自我唤醒

在电视台工作期间，我完全忽略了自己的健康问题，直到身体发出警报，我才开始关注。长期以来，我把自己遗忘了，遗忘在不断证明自己的路上，遗忘在不断争取的路上，遗忘在这个纷杂的世界里。幸运的是，两年前，我开始不断探索和疗愈，曾经所经历的那些伤痛，渐渐认清自己。

生完女儿后，我胖了十五公斤。镜子里的自己，实在不忍直视。我开始尝试各种各样的减肥方法：节食、代餐和辟谷等。有些方法能让我暂时瘦下来，但是，过不了多久，又会反弹。折腾了好多次后，我开始观察自己，才发现，当我有压力时就会不停地吃，停不下来，尤其喜欢吃重口味的食物，即使脸上长了小痘痘也不为所动。

更不幸的是，我还得了抑郁症。在长达八年时间里，只要一想到生孩子这件事，我恐惧。当我准备生二胎时，已经快四十岁了，所以，我决定做试管婴儿。

做试管婴儿时，配对成功了四颗受精卵。植入我体内的第一颗受精卵，我给起了个名字叫"芽芽"。不幸的是，胚芽在我肚子里长到六周时，停止了生长。我不愿意轻易放弃，开始尝试各种保胎方法。

然而，所有的努力依然没有迎来可喜的结果。我记得最后一次做 B 超时，医生神色凝重告诉我，继续保胎的意义不大，就算长大了，孩子未来也可能会出现脏器缺失的风险。听到这个消息，我最终做出了放弃的决定。

当我去医院做手术把"芽芽"取出来的时候，我整个人陷入了麻木，现在也回想不起来具体的细节。在那之后的好长一段时间里，每到晚上，我都会默默流眼泪。回到工作岗位上，让自己忙碌起来，才逐渐摆脱了悲伤的阴影。

在一次课堂个案上，我才想起还有另外三颗受精卵被冷冻并保存在医院。尽管它们只是受精卵，但也是有生命的。我马上和先生商量，前往医院签署放弃受精卵的协议。

身体的治疗过程，也是自我唤醒过程。在感受到身体的疼痛的过程中，脉络得以打通，这是一个唤醒身体的过程，一个重新和身体链接的过程。

以前的我，脑、身和心都是分离的，尤其是身体，变得越来越麻木。当我开始去中医馆治疗身体时，身体逐渐从麻木状态中苏醒，变得更为敏感。有一次在站桩的时候，我感受到心脏和脉搏在有规律地跳动，感受到它们真实的存在。原来，它们一直在默默陪伴着我，只是我在过度地使用它们，忘记了它们的存在。

小结

　　维持健康不能只靠吃药、打针或者补充营养素，因为维持健康是一个系统工程，需要我们每天积极践行，才能战胜潜在的疾病。

　　在追求健康的过程中，尊重身体的感受，适度释放自己的情绪尤为重要。当你想要流泪的时候，就应该允许眼泪自由流淌；当你愤怒涌上心头时，就大声喊出来。当你释放情绪后，才可能获得身心健康的平衡。你有多了解自己的身体，就有多了解自己。

　　身体需要复原，内心的伤害同样需要疗愈，因为所有的情绪都会在身体中留下深深的印记。如果把身体比作我们灵魂居住的房子，那么，就要定期把房子的"情绪垃圾"清理干净，身体才可以正常运转。通过关爱自己的身心，最终才能真正实现健康的综合平衡。

【思考和练习】

对照《重塑人生效率手册》的"健康管理坐标体系",定期做健康数据,观察自己和家人的健康指标是否正常。

健康管理坐标体系

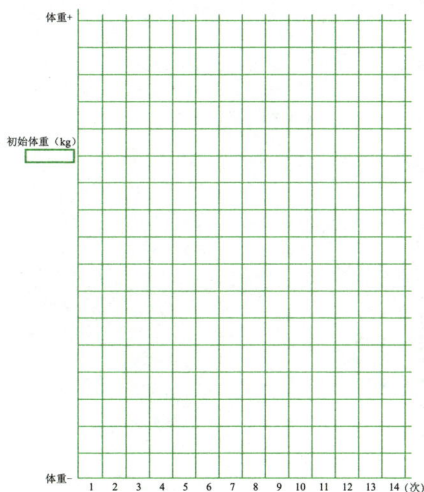

体重+

初始体重(kg)

体重−

1　2　3　4　5　6　7　8　9　10　11　12　13　14 (次)

1. 初始体重为记录时的体重,以kg为单位。
2. +、−代表你的增重减重。
3. 刻度单位由你自己确定和规划。
4. 每三天标注一次,监控体重动态变化。
5. 坚持记录看见42天的美好蜕变。

BMI													
腰围													
体脂率													
1	2	3	4	5	6	7	8	9	10	11	12	13	14(次)

血压

次数	1	2	3	4	5	6	7	8	9	10	11	12	13	14
收缩压														
舒张压														

(mmHg)

血糖

次数	1	2	3	4	5	6	7	8	9	10	11	12	13	14
空腹														
饭后2小时														

(mmol/L)　空腹血糖正常值参数:成人:(空腹)3.9~6.1mmol/L

尿酸

| 次数 | 1 | 2 | 3 | 4 | 5 | 6 | 7 | 8 | 9 | 10 | 11 | 12 | 13 | 14 |
| 尿酸值 | | | | | | | | | | | | | | |

(μmol/L)正常值参数:男性149~416μmol/L;女性89~357μmol/L;儿童119~327μmol/L。

其他
(你的私人指数)

第三章

关系的重建

关系，是每个人无法回避的命题，贯穿于我们的日常生活中，如同无形的纽带，将我们紧密相连；关系，是一种微妙的舞蹈，通过相互的作用和影响，呈现出千姿百态的人生图景。关系，如同一本书，需要仔细翻阅，去理解其中的内容。

在这些关系中，放在首位的是家庭关系。德国心理治疗师伯特·海灵格提出家庭关系序位排列：一个家庭中，首先是夫妻关系，其次是亲子关系。如果有多个孩子，要按照孩子的年龄顺序来确定序位。如果是大家庭的关系，近一些是父母，远一些是亲戚。

随着年龄的增长，我逐渐不再像小时候那样依赖父母。我曾经怀疑：是不是我和父母之间的爱减少了？我因此也在与父母的关系中走了不少弯路。后来，我逐渐解开了心中的疑虑。我会在本章中与大家分享如何重建与父母的关系。

在所有的关系中，我们常常会忽略了最重要且最根本的一种关系——与自己的关系。在这无尽的关系网络中，我们常常关注外在的联系，而忽略了内在的关系。只有了解自己的欲望、恐惧、梦想，才能谱写更加丰富的人生。只有学会爱自己，才有能力爱别人；也只有处理好与自己的关系，才能处理外在的关系。

　　《被讨厌的勇气》书中言道："一切烦恼都是人际关系的烦恼。"在这个纷繁复杂的关系网络中，我们时而感到喜悦，时而陷入迷茫，但正是这些波澜壮阔的情感，织成了我们生命中最丰富的色彩。在这无尽的关系中，人与人的关系像一部永恒的史诗，每一个人都是其中独一无二的篇章。

　　关系的重建，如同人生旅途中的一次重塑，是一项需要耐心分析的过程。当我们的关系面临裂痕时，重建关系成了关键的任务，而每一次的重建都意味着对过去的反思和对未来的重新规划。

　　首先，正视关系重建问题，勇敢地面对存在的矛盾和分歧。这需要一份坦诚和勇气，愿意直面问题并尝试理解对方的立场。在关系重建的过程中，建立信任是至关重要的一步。

　　其次，对过去的包容和原谅也是关系重建中的重要元素。我们需要理性地看待过去的错误和伤害，学会释怀和放下。这并不意味着忽略问题，而是在面对问题时能够以更成熟姿态去处理，为关系的未来创造更加健康的环境。

　　最后，关系重建也是一个学习和成长的过程，不仅可以改善关系，还能够深化对自己和他人的认知。这种成长不仅有助于关系的稳固，也使个体在人际交往中更加成熟。

　　关系重建是一项既有挑战又有深远意义的任务，能为个体或集体带来积极的影响。

01　成长中的自己

　　有一天，我陪女儿睡觉时，她突然蜷缩进我的怀里，说："妈妈，我好想回到从前，钻回你的肚子里。"看着她缩成一团的样子，我猜她一定是遇到了什么困难，我问她为什么。她慢慢贴近我，小声告诉我，因为她的好朋友最近总是牵着别的小朋友的手一起去食堂，她只能和另外一个小朋友牵手，不能和好朋友一起牵手，她有些难过。

　　作为成年人，当遇到问题的时候，我有时候也会有女儿同样的想法：如果能回到童年就好了，就不用面对那么多问题。但是，我们总能一直逃避问题吗？虽然我们都希望能够回到无忧无虑的童年，但克服困难也是让自己变得更强大的过程。

直面人生

朋友大王，是一名青年手绘师，第一版的《重塑人生效率手册》里的插画就是出自她手。初次见面时，我好奇地问她："你这么清秀的女生为什么给自己起一个'大王'的名字呢？"她笑嘻嘻地回答："我要在自己的世界里做大王。"

大王和我年纪相仿，但她的状态像个七八岁的小女孩，纯真又美好。随着一起学习的时间增多，我对她的成长经历产生了兴趣。后来得知，她小时候是典型的"野孩子"，家里人都不怎么管她，于是，她就漫山遍野地疯狂玩耍，不知不觉中长大了。

最近一次见面是在私塾课堂上。大王告诉我说，她想走进亲密关系，渴望一段美好的爱情，所以决定开始探索自我。听到这个消息，我真心为她感到高兴。这些年，我总在盘算着给她介绍一个合适的男朋友，只因怕她拒绝而作罢。

课程结束后，她去中医馆做身体调养。在一次梦境后她做了这样的记录："原来我一直害怕面对瘦弱、苍白无力的自己，以前的梦境中总觉得有坏人在背后追我，不断逃避的是真实的自己啊，原来我一直用'大王'来撑起一个强大的自己，却不敢面对'小红'的瘦弱，让小红变成一个影子，还害怕她……现在，我看到了，我要让小红堂堂正正站在阳光下，不再做影子。"

在探索自我的道路上，我们需要直面人生中的课题，这些问题仿佛是一连串的游戏关卡，一个接一个地出现。遇到的每一个问题，需要我们勇敢面对，正视自己内心的恐惧与挑战。只有通过不断挑战自我，超越障碍，才能更加坚强地前行。

闺蜜婷婷在前几年经历了妈妈离世的巨大痛苦。因为参加了同一个课程，我们每个月会见一次面。每次见到她，都能感觉到她的变化。记得当她得知妈妈患病的时候，她整个人都陷入了慌乱。为了给她妈妈治病，她带着妈妈跑遍了各地医院。最终，她的妈妈还是离开了人世。这致命一击，让她感受到了前所未有的痛苦。然而，正是这份痛苦，使她渐渐地长大。

最近一次上课的内容是"仪式排列"。老师在课堂上让我们做了一个"成家礼"，当婷婷的代表给婷婷梳头的时候，我正好坐在婷婷旁边，我看着她的眼泪一点点地流了下来……我知道，此时此刻，婷婷想妈妈了。

每次上课，只要涉及和妈妈相关的话题，婷婷总是忍不住流泪，但我能感觉到她变得越来越坚强。有一次课堂上，婷婷分享道："妈妈的离开像是送给我的一份'礼物'，因为她的离开，让我变得独立了。我非常感谢妈妈在最后留给我的这一份珍贵的礼物。"

闺蜜维忆老师，现在是一名青年作家。为了追求自己的文学梦，毅然辞掉上市公司副总，从零开始做知识付费，出版了她的第一本书，还帮助了很多学员完成了他们的写作梦，第二本书《如何持续写作》在 2024 年出版。她凭一己之力从农村养牛娃活成了自己想要的样子。

维忆老师来"本末堂"上课的初衷是想改善亲密关系。刚开始发现亲密关系有些问题的时候，她选择视而不见，继续在自己的世界里狂奔。然而，随着问题的显现，她不再选择麻木，而是主动地直面问题，带着属于她的问题，走向探索之路。

有些人伴随着问题在前进，有些人选择麻木，有些人选择沉睡，有些人选择反抗……

过去，我总觉得"问题"就是不好的事情，害怕它带给我麻烦和痛苦。通过这两年的学习，我对"问题"有了不同的感悟："问题"像是一个信使，提醒我们关注被我们忽略的事情，它带来的痛苦会让我们警醒。

这好像我的纪录片《重生》主人公金梅一样。因为患病，金梅决定做出改变。从那一刻开始，她发生了翻天覆地的变化，当她真正开始改变的时候，"癌症"竟然消失了。

"问题"如果能带来成长的新契机，或许我们可以选择睁开双眼，从自己的保护壳里走出来，勇敢地去探索其中的奥秘。

找到自己的使命

大学毕业后，我被北京一家建筑公司录用，对许多"北漂"的人来说，这是一件非常令人羡慕的事情。但是，每天对着建筑物的图纸思考，这样的生活实在不是我想要的。直到我遇见了新疆的知名主播逸波。

当我向逸波诉说我的困惑后，她与我分享了自己的工作感受："在电视台工作真的很辛苦，有一次，我们到很偏远的山区拍片子，车没法进山，我们只好徒步。到达目的地时，我们已经筋疲力尽，但是，当听到老人们唱着古老的歌谣时，我深深地陶醉其中。有些人再忙再累却依然快乐地工作着，因为他们过着自己想要的生活。"

经过那次深谈，我毫不犹豫地用大半年的积蓄报考了中国传媒大学电视编导专业辅修班。一年后，我成功结业，然后毅然辞去建筑公司的工作，进入了一家纪录片工作室，开始了我的纪录片之路。

在工作室里，我结识了一位生命中的引路人——Z老师。他说，希望能够把中国的导演都聚集起来，凝聚成巨大的力量，给中国纪录片带来巨变。我突然理解了他对纪录片的那份狂热和执着的责任感。正是这份理解，我也深深爱上了纪录片，爱上了这个一直在路上奔忙的事业。因为拍摄纪录片的过程可以让我体验更多的生活，这让我很享受。

2006 年，我拍摄人文纪录片《登天一线》，通过深入访谈了解古老的达瓦孜艺术与现代社会结合的故事。这部纪录片荣获亚洲电视节"最佳纪录片"提名奖，并在全球二十三个国家和地区循环播放。

2007 年，应有关部门委托，我作为央视编导拍摄《女性·艾滋病》纪录片，关注女性艾滋病患者的状况及生存空间。在拍摄的过程中，尽管过程艰辛并且在制作过程中常常发生很多预想不到的情况，甚至想过放弃，但是，每当我想起那些与女性艾滋病患者接触的日日夜夜，想起她们无助的眼神的时候，前所未有的责任感和使命感油然而生，最终坚持完成了这部专题片的制作。次年 3 月，在中央电视台隆重首映，产生了很大的社会反响。

2023 年的某一天，我决定启动《重生》纪录片的拍摄，主要包括疾病与重生、关系与重生、商业与重生、集体与重生，以及教育与重生。我并不确定能把它拍成什么样，但是，如果给它注入爱、注入光，我相信，它一定可以拍成我想要的样子。

小结

曾几何时，我们迷失了自己；曾几何时，我们总盯着自己的缺点不放，对自己进行苛刻的评判，甚至忽略自己的存在。如果我们不能真正爱自己，也没办法真正地去爱任何人。我们的爱将充满控制、索取和依赖。

当我们学会原谅和释然，就能慢慢放下沉重的包袱，开启爱自己的大门；当我们学会如何与自己建立连接时，我们才能清晰地认识到自己想要成为什么样的人，找到自己的使命，激发内在的驱动力，开始探索美好的人生。

02 逃脱亲密关系的旋涡

和先生相识的时候，我俩都处在事业发展的初期，各自都非常忙碌。经过五年异地恋后，怀着对彼此的美好幻想走到了一起。事实上，我俩彼此之间并不是非常了解，毕竟异地恋的时候，我们并没有真正在一起生活过。结婚以后，我才意识到，我们面临的考验才刚刚开始。

在过去的时间里，我俩一度陷入亲密关系的旋涡。庆幸的是，经过努力，我们重新塑造了美好的关系。

危机爆发

我和先生彼此是互相信任，这也是两个人能走在一起的基础和关键。网络上有一项关于"你有没有偷偷翻看伴侣的手机"的调查。

结果显示，有一部分女性会偷偷看伴侣的手机，一旦被伴侣发现，可能会产生争执和矛盾。我和先生在一起这十几年里，我从来没有看过他的手机，也从来没有过这样的想法，这源于我对他的信任。

异地恋期间，先生总是迁就着我，对很多事情都不发表任何意见，任由我来做主。有一天，先生毫无征兆地爆发了："你每次都这样，你都是对的，你最牛！你从来都不讲道理，我没什么好跟你沟通的。总之，都是你对，行了吧?"说完这些话，他转身走了。

我以为，我俩认识这么久，对对方一定是知根知底，清楚对方的喜好和憎恶。这时我才发现，原来百依百顺的先生也是有脾气的。这么多年，他一直在忍让我，终于到了忍无可忍的地步而爆发了情绪，表达了不满。这是他第一次用这种方式向我表达情绪，我也终于意识到，如果两个人相处的过程中总是一方让着另一方，这样的关系本身就是不平衡的。

我非常感谢先生的情绪爆发，它给了我重重一击，让我开始深刻反思。当我内省的时候，我发现自己确实太任性了，脾气也相当不好。如果一个人身体里藏满太多情绪，很容易得病。我越想越害怕。我必须改变！我要重塑自己，重塑和先生的伴侣关系。

有一天，我把需要探索的"问题"全部写了下来：

（1）先生不愿意表达真实的情绪，原因是什么?

（2）一旦忙起来，双方就缺乏交流。早上起床吃完早餐，他就去上班；晚上回家后各自玩手机，基本不交流；我陪孩子睡觉，常常也把自己哄睡了，一天就过去了。

（3）我自认为很多领域的东西他都不感兴趣，不愿和他多交流；工作上的事情，他也不愿和我说。

（4）一旦原生家庭出现问题，我就混乱了。

看着这份清单，我才意识到，原来很多"问题"的源头都在我身上。如果我改变自己，很可能关系也会发生改变。于是，我开始寻找解决问题的方法，例如，参加情绪管理、非暴力沟通等课程。我终于知道了情绪的根源在哪里，知道如何和亲密的爱人进行有效交流，知道了如何不带情绪地表达自己的需求。

重塑夫妻关系

我还向李老师发出了求助，他让我尝试发现先生的价值并给予认可，每天至少三条，并且在"价值发现群"进行打卡。

刚开始，我对这个任务不以为然，觉得很简单，但是，真的执行起来却很难。过去骄横的我，要真诚地赞美先生，需要的不仅是勇气，还有智慧。有一次，为了完成任务，我对他说："亲爱的，谢谢你每天晚上都帮我的汽车充电，你真是太好了。"夸完之后，我都觉得不够真诚。果然，他看了我一眼，说道："别这么虚伪，好不好？"

我被惊出一身冷汗。

可是，"每天发现三条价值"的作业还是需要完成啊！于是，我开始每天默默留意他在做什么。例如，无论多忙，先生每天下班后都会放下所有事情，陪孩子们玩耍；女儿的数学作业基本是他辅导的，而且一直保持耐心，几乎不向孩子发脾气，这一点让我自愧不如；儿子每天看到爸爸回家都特别开心，总是黏着他，让他陪着一起做手工或者让他讲故事。阿姨告诉我，孩子爸爸回家后，她是抱不到孩子的。可见，孩子有多么爱爸爸。

为了更好地照顾孩子，我父母从新疆搬来和我们一起生活。年轻人和老年人在生活习惯上有很多差异，但是，先生从来不说我父母的不好。先生是潮汕人，从小就爱喝他母亲煲的汤，但我父亲是北方人，不会煲南方的汤。有时候，我父亲尝试着煲汤，如果好喝，他就多喝一碗；如果不合胃口，他就喝少点。但他从不说我父亲煲的汤难喝。越观察先生，我越感动。原来身边有这么好男人，竟然被我忽略了。根据李老师的指导，我给自己列出了调整方案：

（1）确定自己的身份，我已经嫁人了，我是先生的媳妇，要遵循小家优先于原生家庭的次序，当他表述一些真实观点，哪怕是对着自己的，也鼓励他表达，并给予回应，让他体会到他的观点表达出来是有回应的；

（2）尊重先生，尊重他是个独立的个体，倾听比解释更重要；

（3）重视两个人的交流，比如早餐和晚餐时的交流，孩子睡觉后的单独交流，保证每天都会沟通，哪怕针对一个小问题；

（4）多赞美先生，要发自内心赞美；

（5）每次学习或者看见新鲜事物，第一时间和先生分享；

（6）放弃改变他的想法。

按照以上方案调整了两年，我们之间的关系得到了很大的改变，又回到了恋爱时的美好感觉，这个过程真的很奇妙。现在，晚上睡觉的时候，先生常常会拉着我的手。我们也养成了入睡前分享彼此一天的收获的习惯，这种特别美好的情感交流成为我们每天期待的时刻。

处理夫妻关系的原则

当我重新认识到自己对先生的深沉爱意时，我做出了新的尝试，重新建立了美好的夫妻关系。爱，是让我克服恐惧并想再要一个孩子的主要原因。

我总结一下，在我们相处过程中，有四个特别重要的原则：

一是不强人所难。过去，我们有一个不成文的规定，一方做饭，另一方洗碗。例如，今晚我做饭了，他就负责洗碗。后来，我发现，他很不喜欢洗碗这件事，但是他又不会做饭，所以，不得不去洗碗。

于是，我买了一台洗碗机，事情就解决了。

二是支持对方的梦想。我和先生的爱好不同，我爱看纸质书，但他不喜欢。然而，我们在装修房子的时候，他愿意把一面墙做成书柜；我每次创业或者出去学习，他都是那个强有力的支持者。他常说："你为你的生命探索，是一件很好的事，我会全力以赴支持你。"

三是遇到问题或不开心的事情，一定要沟通。我和先生相处时，也常因观点不同而吵架。等大家气消了，我会创造一次交谈机会，彼此表达观点。这个时候，他能听进我的看法，我也能站在他的角度分析问题。彼此的观点相同，也是一个彼此交流和学习的好机会。

有一个同学和她先生吵架，来我家住了一个星期。后来，我才知道，原来是她先生忘记了他们的结婚纪念日，没有给她准备鲜花，也没有准备礼物。我问她："你有没有告诉你先生，你希望他重视你们的结婚纪念日，你希望他做哪些事？"同学说："这件事情这么重要，他应该早就想到的呀。"

同学听了我的分析之后恍然大悟，给她先生打了一个电话。原来她先生真的是因为工作忙而忘记了，他还莫名其妙为什么她要跑到外面住，生气了也不说一声。解决问题的方法很简单，就是直接告诉对方自己希望他做什么，而不是离家出走，等着他去反省。男性的思维方式是倾向于理性思考和问题解决，如果没有给任何信号，他们大概率是猜不出来的。

因此，夫妻之间遇到了任何问题，应该是第一时间去沟通，表达自己的情绪，让对方感觉到做了什么事情让自己不开心，而不是让对方去猜。

四是一旦出现了争执，不能过夜，不能以冷暴力应对。不管我和先生怎么吵架，都不过夜。冷静下来之后，无论对方是不是有错，先伸出橄榄枝。开始我其实是做不到的，因为总想评个理，而且，如果真的是自己对了，怎么可能去和一个"不讲道理"的人道歉呢？

其实，夫妻之间，最傻的就是争胜负，解决问题的根本永远是"爱"。

小结

男性与女性在思维方式和处事方式上都有很大的不同。《男人来自火星，女人来自金星》的作者，被誉为"心理学自助之父"的约翰·格雷，他在咨询调查了一万多对夫妻后，用整整七年的时间，揭露了两性关系的本质：男人来自火星，女人来自金星，天生就不同。

　　这本书教导人们如何针对另一半不同的思维模式和行事风格等，找到适合两人的沟通方式，从而更好地维持婚恋关系。千万不要企图改变对方。当我们发现亲密关系出现问题，唯一的解决方法是改变自己。当自己改变了，事情会不一样的。所有出现在我们生命里的人和事，都是自己吸引来的，按照自己设计的样子。

　　从发现问题，自我反省，再找到解决问题的方案，只要坚持执行，我和先生从没话可说到现在无话不谈，我们重新进入了"恋爱期"。

03 孩子们给予的礼物

生女儿的时候，因为羊水突然减少，我不得不接受剖宫产。剖宫产后，伤口没有恢复，需要忍着疼痛。因此，接下来的好几年时间里，我都拒绝生二胎。2022 年 7 月 8 日，我顺产生下儿子，也把我生女儿时的创伤疗愈了。

我很感恩两个孩子来到我的世界。在与两个孩子相处的过程中，我常常能感受到来自孩子们的智慧。他们的聪慧和纯真让我不仅在母亲的角色中获得了无尽的欢乐，也在与孩子共度时光的瞬间里感到生活的美好。

再坚持

在陪伴女儿治疗皮肤病的过程中，她展现出来的勇气和坚持都值得我学习。

当皮肤出现疹子时，需要先用一种中药水敷在皮肤上，等皮肤不痒了，再涂抹药膏。但是，敷中药水的时候会很疼，有时候甚至会一阵一阵抽着疼。有时候，眼看着女儿边敷边哭，我就于心不忍，对她说，要不别敷了。然而，她总是坚定地说："再坚持一下就好了。"

在寒冷的冬天，我都很难从温暖的被窝中爬起来，但是孩子们上学的时候从不恋床。有几次我外出学习，女儿自己设定好闹钟，按时起床，按时上学。有一次，她困得几乎睁不开眼睛了，我让她多睡一会儿，迟到一次不会有太大的问题。她揉了揉眼睛，摇摇头，挣扎着从床上爬起来。

等她清醒后，我问她是什么力量让她克服困难，立即起床，她说："再坚持一下就好了。"女儿的坚韧和毅力让我深感敬佩。

小鸭子和小兔子

女儿是一个乖巧和敏感的孩子。随着年龄越来越大，她也有了自己坚持的事情。有时候我甚至没有意识到自己说错了，就会惹得她生气了。这时候，我会模仿鸭子的声音向她赔礼道歉，她就会变成一只兔子，与"小鸭子"展开有趣的对话。在轻松的互动中玩耍，她就不生气了。有几次，她放学回家看见我情绪有些不好，也会用同样的方法和我互动。

小鸭子和小兔子的小游戏，不仅缓解了紧张气氛，也拉近了我们的感情。这种轻松而富有创意的互动成为我们沟通的一种愉快方式，让我们更加亲密。

探索兴趣

女儿就读的国际幼儿园提供了很多兴趣课程。我告诉她，只要她喜欢，所有的兴趣课都可以报名。所以，无论是在小班、中班，还是大班，她都积极尝试所有能引起她兴趣的课程。

然后，她从中挑选了几个课程，继续坚持学习。音乐类的，她放弃了跳舞，选择了钢琴；游戏类的，她放弃了五子棋，选择了热爱的象棋；运动类的，她放弃了长跑，钟情于轮滑。

我们有个约定，有些课外班，如果实在不喜欢，可以放弃，但前提是要上完已经报名的课程。对我来说，这样可以让她有更多时间了解，而且也不至于浪费金钱。至于她是否想继续学，我也尊重她的选择，让她在学习的道路上拥有更大的自主权。

突破瓶颈期的方法

女儿三岁半就开始学习钢琴。随着琴谱越来越复杂，女儿不可避免地感到有一些不适应。为了让学琴的过程更有趣，我设计了一个名为"音乐宝宝"的游戏。音乐宝宝每天需要喝八瓶奶，只要女儿弹完一首曲子，就可以给音乐宝宝喂一瓶奶。

在练习的过程中，女儿很主动而且很开心，因为她知道自己正在给音乐宝宝准备奶。每次开始弹奏前，她先花十至十五分钟去熟悉曲目。熟悉曲目后，她会迫不及待地问我："妈妈，我可以给音乐宝宝喂奶了吗？"我说："当然可以了，宝贝。"她就开始认真地演奏。

每当她弹完一首曲子，我就在音乐宝宝的图纸上打一个小钩儿。她看到音乐宝宝因为她的演奏而喝到奶就特别兴奋，然后开始弹第二遍。通过这个游戏，我成功地将原本枯燥的练琴过程变成了有趣的游戏。也因为这个有创意的方法，女儿顺利地度过了练琴的瓶颈期。

九岁时，刚好结束了一个阶段课程，女儿告诉我，她不想再学钢琴了。此前，她出现过三次不想学钢琴的时候，都被我以各种方式解决了。这一次，我能感觉到她真的不想学了，看着她认真的表情，我和先生商量后，尊重孩子的选择。

姐姐和弟弟的相处之道

要不要生二胎这件事，我和先生提前和女儿沟通过。

我问她："爸爸妈妈想再要一个孩子，你觉得怎么样？"女儿表示很欢迎。她说，班上的同学家里大多数都有两个或两个以上孩子，像她这样的独生子女并不多，她很羡慕同学们都有兄弟姐妹。因此，当我们提出准备再添一个新成员时，女儿也很开心。

儿子出生不久，恰逢女儿生日，除了给她准备了生日礼物之外，我和先生还特别给她准备了一份"晋升礼物"，恭喜她升级为姐姐，她特别开心。

为了平衡两个孩子之间的关系，我也请教过李老师。李老师建议我要特别留心女儿的感受，因为她本来能够获得爸爸妈妈百分之百的爱，随着弟弟的到来，这份爱要分出去了，所以容易有缺失感。

根据这个指导原则，我特别留意女儿的感受。女儿现在一个人睡，我都是等她睡着了再离开，儿子一出生就和阿姨睡。这样的安排，既有利于我合理安排时间，也能减轻我在两个孩子之间的精力分配。有一次，我从外地上课回来，在机场给女儿买了礼物，回家路上才想起来没有给儿子买，于是，赶紧在家门口找了一个商店，给他补买了一份礼物。他们俩收到礼物后都特别开心。

有了弟弟后，我发现女儿对她的东西很在意。有一次，外婆拿了她的玩具给弟弟玩，她很生气。外婆试图解释："哎呀，让弟弟玩一下，不要那么小气。"她听完这句话以后，"哇"一声哭了。我走过去，抱着她说："外婆拿了你的玩具，你很生气，妈妈看到了。来，抱抱我的小兔子。"等她情绪稳定以后，我接着问："其实，你是愿意给弟弟玩的，但要征得你的同意，对吗？"女儿点了点头。事后，我也和外婆说了孩子的需求，全家都统一了认识。

当儿子做得不对的时候，我们也会批评他。在家里，我们不以"姐姐大就要让着弟弟"作为理由，而是希望两个孩子都能独立、愉快成长。在家庭中树立平等和公正的价值观非常重要，可以让两个孩子都能够享有自己的权益，同时也明白责任和尊重对方的重要性。

对自己负责

我在社交平台上看到这样一个小故事。

丈夫对妻子说："我要和朋友出去。"妻子回答说："好的。"

过了一会，儿子说："妈妈，我的模拟考试成绩出来了，不太好。"儿子本以为会遭到母亲的责骂，但出乎意料的是，母亲平静地说："好吧。如果你努力学习，你就能考好；如果考不好，你就得复读。这取决于你。"

第二天，女儿找她，犹豫着说："妈妈，我把车撞坏了。"女儿害怕妈妈生气，但出乎意料的是，妈妈说："好吧，把车开到汽车修理厂修吧。"

所有人都走过来问她："出什么事了？你怎么这么冷静？"

她笑着回答："我花了很长时间才明白，每个人都要对自己的生活负责。我意识到，我的苦恼、担心、焦虑、压力……并不能解决你们的问题，反而会加重我的问题。我意识到，只有当你询问时，我可以给你建议，但是否采纳，取决于你自己。无论你做出什么决定，其后果是好是坏，你都必须承担。我不对任何人的行为负责。我意识到，我只能控制自己。我要关心你、爱护你、鼓励你，但之后的一切，都要靠你自己去解决，寻找自己的幸福。因此，我应该保持冷静，让你们自己解决问题。"

"对自己负责"的理念超越了简单的责任感，是孩子成长道路上的一种必要引导，主要意义在于培养他们的自主意识、决策能力和积极的自我认知，从而更好地应对挑战和逆境。

我和先生都属于控制型的性格，所以，我们商量好孩子的数学由他全权负责，以免因为意见不合而引起争执。有一段时间，先生给女儿布置的课外作业，她常常找一些理由不做完，先生很是生气。

本来我是不想插手的，但有时候看到女儿不开心的样子，我会忍不住帮孩子说好话。这让先生更难做了。

后来，我在参加学习时意识到自己做得不恰当的地方，于是，我对自己制定了几个原则：一是在教育上一定和先生保持一致，如果是他负责，就要听他的，不要有不同意见，否则孩子也会分裂；二是与孩子制订清晰的学习计划，让她明确自己每天的学习任务；三是适当给予孩子一些奖励；四是让孩子知道学习这件事，是自己的事情，而不是为了满足父母的期望。

有一天，女儿放学回到家，我平心静气地和她谈论了这个问题，并且告诉她，她已经是四年级的孩子了，需要为自己的选择负责。然后，帮她分析不学习可能给她带来的后果。最后，我问她："你还要继续完成爸爸给你布置的作业吗？"女儿狠狠地点点头。

小结

每一个孩子都是一个独立的个体，每一次生育的过程都给我带来不一样的生命体验和感动。儿子的到来，让全家人更加和谐，女儿也更有责任感了。

　　与其说父母赋予了孩子生命，不如说孩子是父母最大的礼物，他们给整个家庭带来生机和活力，是伴随这份生命礼物的又一份大礼。创造生命，陪伴他们成长，似乎又经历了一次自我成长。这份无法言喻的喜悦和感动，是每一个父母心中最深沉的珍藏。

04　亲情中的父母

　　我是独生女，父母都是教师，我们也算是一个小康家庭。自我出生以来，他们一直努力为我提供一个良好的生活环境。在这个过程中，我能深切感受到他们对我的爱。然而，在处理与父母的关系上，我走了太多弯路。

紧张的亲子关系

　　曾经，我和父母的关系，如林忆莲《词不达意》的歌词一样："有些人用一辈子去学习化解沟通的难题。为你，我也可以。我的快乐与恐惧猜疑，很想都翻译成言语，带你进我心底。我们就像隔着一层玻璃，看得见却触不及。虽然我离你几毫米，你不会知道我有多着急。无心的坐视不理，我尴尬的沉默里，泪水在滴，我无法传达我自己，从何说起。要如何翻译我爱你，寂寞不已。我也想能与你搭起桥梁，建立默契，却词不达意。"

一直以来，面对父母，我从不敢真实表达自己的感受。不敢和父亲好好聊一聊，即使和父亲吵了一架，自己也是躲起来偷偷地流泪；对母亲的依赖，我也百般纵容，替她扛上了本不属于自己的压力。

我相信，父母真的很爱我，也为我付出了很多。上大学后，一天一个电话，感觉和他们的心紧紧相连，从未觉得自己远行。然而，当我从北京到广州工作后，也许是因为工作越来越忙，我和他们的交流越来越少，感觉和他们的关系越来越远。当得知我怀孕时，他们立即从新疆到广州照顾我。后来我又怀了二胎，他们也一直陪在我身边，在广州一住就是十年。

和父母同住，我们的关系出现了莫名其妙的紧张，甚至对他们还有一些抱怨和厌烦的情绪。有一次，我竟然对他们大吼。对他们发完脾气后，我躲在房间里一个人哭泣，感到无比后悔。边哭边想，以前在家乡，虽说他们常吵架，但是我对他们还是很依赖的，现在怎么变成这样了！

我努力想对他们好，但又对他们很挑剔。好友婷婷调侃我："袁博，你是个控制型，都控制你爸妈了。"这句玩笑话，让我陷入了沉思。生活中的一些琐事浮现在脑海：他们穿得少，我要管；他们吃得太油腻，我也管；他们没有去指定的商场购买食材，我也管；他们吵架了，我也管……

一切改变都从自己愿意改变开始。

探索之旅

对照自己的生命故事找寻真相，像一次探索之旅。

场景一：以完全不牺牲自己的方式和妈妈互动

父亲年轻时特别爱玩。记得在我上小学的时候，他经常出去打麻将，有时候甚至夜不归宿。有一次，母亲身体不舒服，我给父亲打电话，希望他早点回家照顾生病的母亲。他答应后却迟迟没有回来。等他到家时已经是深夜，母亲早已入睡。

其实，我很反感去找爸爸，但是母亲需要我帮助，我只能硬着头皮去找。因为父亲的种种表现，我从小对他埋怨。只要他和母亲吵架，我就站在母亲一边，把父亲当作"敌人"。后来，我才明白，我与母亲形成了"同党"关系。

从小到大，我都能感受到父母对我的爱，只是父亲年轻时太贪玩，导致母亲对他不满，影响了我的判断。我把他们之间的关系和我的关系混淆在一起，我有时成了父亲的"帮手"，有时又成了母亲的"同党"，这是我控制型人格形成的最初原因。

　　从不敢反抗到现在敢对母亲说"不"，这也是源于我成长的经历。我渐渐明白，尊重才是我和父母相处之道，旁观且不参与。

　　场景二："选择"自己的父母

　　老师说，无论如何，父母都是自己选的。我希望探究这些经历带给我的启示。

　　第一次课程上，我看见自己对父母的情绪不都是因为我，而是被情绪影响了。当了解到这个真相时，我的内心是震撼的，同时也解开了一直在心中的谜，理解了对父母的情绪来源。

　　第二次课程上，我了解到每个孩子从胎儿期到婴儿期、儿童期、少年期和青春期，每个发展阶段都有其独特的需求，如果这些需求没有被满足，可能在长大后依然还有同样的需求。例如，我的不安全感，就是来自婴儿期。那时，父亲是高三的老师，母亲在很远的地方上班。在我十一个月大的时候，母亲就去比较远的地方工作。我们家在学校旁边，父亲常常把我放在床上，用被子围住，然后就去给学生上课。可以想象，在我希望有人可以抱一抱的时候，却得不到及时的回应，于是，我会产生强烈的不安全感。

　　回想起这段时光，我很心疼婴儿期的自己。当然，我对父母是没有怨言的，我特别理解他们，因为在那个时候，他们唯有努力工作，才可以更好地养活我。

　　上课的时候，我正怀着二胎。了解到孩子在成长过程中的每个年龄段的需求后，我会尽量满足孩子，给他们提供一个安全的生长环境。

场景三：父母有自己的相处方式

我常常对父母有埋怨，尤其是对母亲，觉得她这辈子很委屈。后来才发现，原来我对母亲一直有误解，虽然她和爸爸整天吵闹，但是他们之间的感情是很好的，吵闹就是他们的相处方式，原来我一直"被骗"了。

当我了解到这一点后，终于放下了心中的石头。无论经历过什么，我对父母的爱是没有变的。经过这些年的摸索和学习，我逐渐体会到如何孝顺父母，如何活出自我。

拥抱的力量

记得网上流传一个视频：一个失恋的男生穿着小猴子模样的衣服，蒙着眼睛，手持一块牌子，上面写着"可以抱抱我吗？"很多陌生人路过时纷纷上前给他拥抱。让人感动的是，给予男生拥抱以后，这些陌生人还会互相再拥抱，好像拥抱会传染一样。

一个妈妈患上了抑郁症，上完课以后，孩子回到家就开始拥抱妈妈，三个月以后，妈妈的抑郁症奇迹般地好了。这个案例震惊了我，原来拥抱对妈妈的抑郁症康复是有帮助的。除了小时候依赖母亲时会抱抱，上大学之后就完全忘记了。于是，我决定回家就去拥抱母亲。

第一天，我拥抱母亲的时候，明显感觉她的身体很僵硬，还有些不知所措。那时候，我想起一句话："不管对方如何反应，我们抱我们的。"第二天，我继续拥抱母亲，这次明显感觉她的身体变得柔软了，但还是有点不适应。第三天，我再拥抱母亲时，母亲竟然也伸手反抱我。当我松开手臂的时候，她轻轻地说了一句："谢谢你。"我有点诧异，问她为什么说谢谢。母亲说："谢谢你爱我。"

人和人的有效社交距离是有一个范围的，如果超越了这个距离，会产生抗拒。如果我们愿意拥抱他人，是一种敞开和接纳的表现，同时也释放出安全的信号。人的大脑对"拥抱"设置了一种愉快的体验。拥抱的时候，大脑可以分泌多巴胺，作为掌管我们大脑奖赏的"信使"，它负责将开心、愉悦的感觉传递到全身。随着拥抱时间的增加，另外两种"快乐荷尔蒙"——内啡肽和血清素也开始在体内不断释放。当我们感知我们正在与他人拥抱时，下丘脑会分泌被称为"爱的荷尔蒙"的神奇物质——催产素，它是我们的大脑发出的"安全"信号，提示我们放下警惕和戒备。

原来拥抱这么重要，它不仅是身体的接触，更是一次心灵的交流，对心理和生理健康都有着积极的作用。让我们在生活中多一些拥抱，为彼此带来温暖。

转念的力量

平时都是父亲做饭，有一次，父亲罢工了。刚开始母亲不愿意告诉我缘由，后来才告诉我，说他们因为一件小事而闹矛盾。

我和母亲说："爸爸因为一点小事发脾气，你知道他为什么会这样吗？你有没有觉得爸爸和爷爷很像？"妈妈有点诧异："你又没见过你爷爷，你怎么知道？"

"我听小姑分享过爷爷的故事啊。当年爷爷赶鸡回笼子时，那些鸡不听话，爷爷直接拿砖头砸向鸡……你看爸爸今天很生气的时候，还要砸东西，像不像爷爷的行为？"母亲看着我笑了一下，她没想到通过父亲发脾气这件事，我会自我反省。

我接着说："最近我也是通过学习才知道，一个人发脾气是很伤身体的。你看爸爸现在为了这么一件小事发脾气，其实挺可怜的。那时候我也是这样，不太懂得怎么控制情绪，你看我现在是不是很少发脾气了？"妈妈听完，点点头。

"妈妈，虽然今天爸爸发脾气，但你可以换个思路，例如，爸爸发脾气，说明他精力充沛，还能发脾气。你想想，那些患重病的人，是不是想发脾气都发不出来？因此，我们是不是还挺开心的。"我母亲又被我逗笑了，开心地去做饭了。

　　我非常感恩父母促使我走向成长之路，我对母亲抑郁症康复这件事有百分之百的信心，因为现在的她一旦心里不舒服，都会找我诉说，打开了一个倾诉的窗口。通过学习，我也会开导她，一切都朝着好的方向发展。现在，我的家庭有了另一番景象。

小结

　　与父母的关系，曾经带来了很多困扰，但是，在学习的过程中，我看到父母已经给了我最好的，他们赋予了我最宝贵的礼物——生命，这是最值得感恩的事情。

　　如今，我对"孝"有了更深刻的理解，这意味着对父母的理解、尊重。只要爱在，就能感受到家庭的温暖。我坚信，当我们真正活成自己想要的样子时，父母也会放心。活出真实的自己，也是对父母最大的报答。

【思考和练习】

对照《重塑人生效率手册》的"关系管理坐标体系"，找到六位对自己人生有关键影响的人，定期做美好关系银行维护管理。

关系管理坐标体系

美好关系银行						美好关系银行				
姓名 地址	时间	存入	时间	存入		姓名 地址	时间	存入	时间	存入
姓名 地址	时间	存入	时间	存入		姓名 地址	时间	存入	时间	存入
姓名 地址	时间	存入	时间	存入		姓名 地址	时间	存入	时间	存入

1.写下生命中最重要的人，建立属于他（她）的美好关系账户。
2.每周至少一次与他（她）存入礼物或交谈。

第四章

财富的再定义

　　在一个"财富"的课程上，老师问大家："你们说说，你们认为的财富是什么？"同学们纷纷各抒己见，有人说财富是健康，有人说财富是父母健在，有人说财富是儿女双全，有人说财富是拥有足够的金钱，有人说财富是资源……

　　听完同学们的发言，我才发现，在每个人心中，"财富"的定义是不一样。某报评选出人生"十大奢侈品"：生命的觉悟与开悟；一颗自由喜悦与充满爱的心；走遍天下的气魄；回归自然；安稳而平和的睡眠；真正属于自己的空间与时间；彼此深爱的灵魂伴侣；任何时候都有真正懂自己的人；身体健康，内心富有；能感染并点燃他人的希望。这份清单超越了金钱和物质的范畴，而是关乎内心的富足与生命中的真正意义，是人生中无形的财富。

　　那么，是不是"金钱"就不重要了？

　　恰恰相反，"金钱"非常重要。如果没有它，我们将陷入困境，寸步难行，它关乎我们的生存和生活品质。我还在建筑单位上班时，想去进修，高昂的学费几乎让我放弃。最后，为了心中的梦想，我不得不向朋友借钱，在那一刻，我深刻认识到金钱的重要性。一个人的生存，好的居住环境、好的教育条件和好的医疗条件，都离不开"金钱"。

本章中，我们说的"财富"特指"金钱"。

你是否总为金钱不够而感到担忧？是否因为某次突发的财务危机而陷入焦虑？是否曾因获得意外之财而欣喜若狂？每个人的一生都会和金钱保持着一定的关系，即使这样的关系经历过多次变化。总体而言，你与金钱的关系到底是令人振奋的、健康的、界限清楚的关系，还是充满了冲突，常常入不敷出，甚至债务缠身？

我们要学会打造多元的财富人生，学会 ABZ 计划，成家以后，我们更应该关注财务规划，创造更为健康和平衡的金钱关系，让金钱更好地为我们的梦想和生活目标服务。

01　创造多元的财富人生

在《失落的致富经典》书中，作者提到，安贫乐道是一种美德，然而，如果我们没有足够的金钱，就无法拥有美好的人生，这也是一个不争的事实。

这些年，金钱确实在很多方面改变了我的生活。因为有了金钱，我得以去更多的地方，结识了很多朋友；当我遇到困扰的时候，也可以尝试更多的解决方案；金钱可以让我给孩子提供更好的教育，还可以给家人的健康保驾护航。

艺术和商业并不矛盾

曾经，我觉得自己是一个纪录片导演，文艺女青年，应该将精力放在艺术追求上，而不是总想着如何赚钱。直到我遇到纪录片老师，他是我见过的少有的拥有财富自由的纪录片老师。他用自己的亲身示范，给我上了一课。

我和同事去家里拜访他，他家里的古董家具数不胜数。我没忍住，就问他为什么这么有钱，他毫无隐瞒地告诉我们答案。

他是早期把纪录片版权输出国外的导演，同时也是较早在北京购买房产的人。他说："一个人要有能力赚钱，过上好日子，在艺术创作上才能更从容。"他平时的生活状态就是自由自在，除了拍纪录片，还会拍一些商业广告。把拍广告赚到的钱，用于各种投资。2015 年，他在北京投资了几套房产。

拍摄结束，他就到世界各地游玩，一玩就是一个月，然后再回来继续工作。他说："艺术和商业并不矛盾。一个人想实现财富自由难吗？很难。但是，不实现财富自由的生活更难。"的确，我们周围有很多人，因为缺乏足够的金钱，无法选择自己热爱的事业，这是多么可惜的事情。

经过多年实践，我发现，财富可以开启多元人生。因为拥有财富以后，我们可以体验自己想体验的生活，可以去自己想去的地方，可以尝试各种领域的学习，还可以给家人提供更好的物质条件、医疗条件和教育条件。

诗和远方的生活，更需要钱的加持。它赋予我们追求自由的权利，使我们能够在诗和远方的生活中找到更多可能性。在这个过程中，我们不仅可以满足自己的渴望，还可以与家人共同享受财富所带来的丰盈人生。

ABZ 计划

作为一个普通人，我们该怎么做？先问自己三个问题：放下手中的工作，我还有收入吗？除去每月的开销，我还剩多少钱？如果突然被辞退，我还能应付吗？

LinkedIn（领英）的联合创始人里德·霍夫曼，硅谷最著名的天使投资者之一，曾提出一个著名的职业规划理论：ABZ 计划，也叫 ABZ 理论。他认为，无论在任何时刻，我们都要有三个计划。

A 计划，代表着当前正在从事的工作或职业路径，也是能长期从事的工作，值得持续投入和执行，并可以获得安全感和满足感。

B 计划，是备用计划或替代方案，涉及在 A 计划出现问题或失败时所采取的行动。例如，在业余时间参加能力培训、学习新技能或者兴趣爱好。如果只有 A 计划，未来可能会被其他人或者机器替代。以后遇到合适机会或者必要的时候，B 计划可以替代 A 计划。

Z 计划，是一个保底计划，是一种最稳妥的保障，也是退路，是资产性计划和非劳动收入。如果有一天，A、B 计划全部失败，Z 计划还可以保证在未来某段时间内继续保持现有的生活品质，能有一次从头再来的机会。

这三个计划共同构成了一个全面而灵活的职业规划框架，使我们能够更好地应对职业生涯中的不确定性和挑战。可以说，通过A计划的不断调整，最终目的是让我们将重心放在B计划上，因为B计划是我们的追求和梦想。

很多人没有自己的ABZ计划，认为现在的工作足以支撑一切，却忽略了工作存在变动的可能性，缺乏危机意识。我的一位事业伙伴周婷婷，她很早就有ABZ意识，为自己的家庭搭建了一套完整的ABZ计划。她在北京的一家企业上班，A计划的工作收入稳定，能够满足家庭基本开销；B计划副业的收入，不止一项，跟着我轻创业八年，做农产品项目以及环保超市项目，收入可以弥补工资收入之外的开销，给她打造一条可以持续发展的收入路径，并且这部分收入已经超过了她的本职收入；Z计划，划分为家庭风险基金——为家庭成员购买的保险固定理财项目，以及房租收入。

我是很早执行ABZ计划的人。从事纪录片导演时，在完成本职工作的前提下，只要有机会和时间，我也会接一些广告项目，用来补充我的收入。目前，我的主业回到了纪录片行业，我的副业就是推广一家环保超市。

2021年，我准备要二胎，每天以学习和养身体为主，空闲时和团队伙伴在线上沟通。我发现，早期搭建的ABZ系统起到了关键作用，让我不会因为没有工作而发愁。主事业的几个品牌也能正常运转；副业也因为有成熟的系统和团队在自行运作；家庭理财系统的房产和基金等项目每月都有现金流。

　　ABZ 系统的实践不仅让我在事业上更从容，还为家庭生活和个人成长提供了更多的空间。通过明智的规划和系统的执行，我能够更好地平衡主业和副业，保障家庭财务的稳健运作，让我更加从容地迎接未来的挑战。

小结

　　对个人或者家庭来说，财富是生活里必不可少的一个要素。通过理性的财务规划和对人生价值的清晰认知，我们可以更好地掌握财富这一工具，让我们在困境面前能够更从容面对，使其为我们的生活增色添彩，助力实现更为多彩的人生。

02　副业的选择

如果没有 B 计划，一旦 A 计划出现风险，就很容易陷入困境。一个朋友曾对我说过："在任何时候，你都应该知道如何养活自己。"

我在朋友圈轻创业近十年，常常会有新朋友私信我，想了解如何选择靠谱的副业，甚至能不能带上她们一起创业。由此看来，越来越多的人明白副业的重要性。

项目可行性分析

在互联网时代，副业的种类越来越多，例如，微商、公众号运营、社群运营、知乎问答、豆瓣书评、PPT 与海报设计、抖音带货和软件外包等。在众多选择中，如何做出明智的决策，找到适合自己的副业呢？

首先，个人兴趣和技能是选择副业的关键，选择自己擅长或者热爱的领域，既能够提高工作效率，也能在长期的副业过程中保持动力；其次，了解市场需求和趋势也是选择副业的重要因素；最后，还需要考虑自身的时间和精力投入，不同的副业可能需要不同程度的投入，包括时间、精力和资金等，要确保选择的副业与个人的生活和工作安排相适应，以免造成过度的压力和冲突。总体来说，选择适合自己的副业，需要充分考虑个人兴趣、市场需求、资源投入和行业趋势等多个方面的因素。

2013 年，我创立了自己的农产品品牌。我越来越感受到创业的不易，从前端到后端都要考虑到。首先，选品，要找到满足条件的农场；其次，从播种到收获都要全程监控，农产品主要靠天吃饭，雨水多少都会影响农产品的质量；再次，产品出来以后，还要考虑仓储、销售和物流等一系列工作；最后，如果产品过了周期而卖不出去，还要考虑该如何处理。

在创业和投资时要提前做好项目分析，综合考虑以下问题：

· 项目是否合法？

· 项目存活期有多久？是否已经度过新企业生存期？

· 项目是否需要支付入门费？是否靠入门费获利？

· 项目是否具有良好的复购率？

· 项目提供的产品或服务的质量如何？是否可靠？

·项目成功概率有多少？是否有成功案例？

·项目是否拥有可依赖的系统，是否可以产生持续收入？

·项目是否拥有留存客人的系统？

·项目是否具备长期发展的潜力？

·开发项目的人是否心甘情愿分享此项目？

　　根据以上问题分析项目后，还要进行实地考察，最后再做判断。确认没有问题后，才下定决心入场。

组建合伙人团队

　　起初，我的团队成员都是兼职，大家都是通过网络进行办公。在这个阶段，我对团队的规定和束缚比较少，希望大家能发挥自己的主观能动性。随着时间的推移，我发现，管理过于宽松反而难以保持有序运作。

　　于是，我做了些调整，虽然是网络办公，但是每天需要完成的工作事项，都要通过统筹和整合来提高团队的协同效率。在合作的过程中，大家都是平等的。相对于传统的职场来说，大家的合作关系更为纯粹，都是为了创业而相聚，所以，相对来说，效率也会更高，不会把能量消耗在其他事情上。

　　在创业过程中，如何与合伙人相处，我有几点经验可以分享：

1. 志同道合是关键

说实话，现在是创业的最好时代，每个人有很多选择的机会，所以，选择项目最关键是选择与自己价值观吻合的合作伙伴。

创业这几年，我和伙伴都是一起同行的，彼此之间建立了默契。在选择项目时，我们都达成了共识：产品不靠谱的项目不选；自己都不想尝试或者不想给家人尝试产品的项目不选；有风险的项目不选。

因此，一路走来，我们几乎不会在选择项目的事情上内耗。

2. 了解每个伙伴的特点

尺有所短，寸有所长。在这个世界上，不存在完美无缺的人，每个伙伴都有自己的优点和缺点。一个团队若想正常发展，团队领导者必须有聚合人的能力，善于发现伙伴的优势，鼓励他们在团队中发挥各自的优势，共同成长和进步，这样，团队才能更好地应对各种挑战，实现持续发展和壮大。

3. 营造轻松的合作氛围

在任何一个团队中，营造轻松的合作氛围都是至关重要的。轻松的合作氛围不仅能够提升团队成员的工作效率，还有助于形成融洽的人际关系。在这样的合作氛围中，每个团队成员都能感受到自由表达和分享想法的舒适感，从而激发团队创造力和凝聚力的不断提升。

我的团队成员来自大江南北、五湖四海。为了保证工作进度，我们每周都有定期线上沟通会，同步工作进度，还会分享彼此在一周里的成长，通过深入链接，增加彼此的了解，让团队保持同频，消除陌生感。会议结束后，我们通过一个可以共同编辑的软件，建立共同的日志，将彼此的想法写下来，给予彼此鼓励和力量。

此外，我每年还会组织三次线下会议，这是增进彼此感情的很好契机。

4. 创造条件，助力伙伴

在事业发展的道路上，孤军奋战往往难以取得更大的成就。团队协作是成功的关键因素之一。作为团队领导者，也需要给予伙伴支持。例如，把自己的经验和团队里的成功案例分享给伙伴。只要有伙伴需要，我们都会适时召开沟通会。

沟通会以多种方式呈现，例如，今天是团队成员糖糖姐的生日，正逢她事业晋级时刻，我们安排了一场别开生面的线下聚会，选择了一个露营基地，伙伴们带上孩子们。孩子们一起快乐玩耍，大人们一起探讨事业的发展，其乐融融。

对于一些不善于表达的小伙伴，我就将他们与一些善于表达的伙伴组成一个小组，互相帮助、互相借力，各自发挥优势。通过这样的方式，形成更加紧密的合作关系，为事业发展提供了更强大的支持。

5. 举办恭贺会

团队中有很多伙伴都是普通"宝妈"，每当她们取得一点进展的时候，团队都会在每个月 16 日给她们举办线上恭贺会，不仅送上鲜花，还有我们的祝贺，祝贺她们取得阶段性的进展，让她们感受到被认可的满足感，鼓励她们继续前进。这个恭贺会已经持续了很久。

如今，我和我的事业伙伴已经携手走过了六年多，彼此的关系越来越好，团队互助的气氛也越来越强烈。哪怕中途有人停下来，也并不影响我和伙伴私下的情谊，该聚会的时候，我们依然聚会；想同行的时候，轻轻拍拍他们的肩膀，说："我一直都在。"

小结

　　副业是一场关于多元生活、技能发展、社交拓展和个人激情追求的探索之旅。选择并积极从事副业，不仅为自己带来了更多可能性，也为生活增色不少。每个人都可以在不同的领域尝试新事物、扩展自己的技能和知识，同时，还有机会结识来自不同领域的朋友，扩大自己的社交圈。

03　打造家庭财富

　　戴建业教授是我非常敬佩的老师。2016 年，他妻子患了肺癌，当时一盒治疗药五万元，只有三十粒，只够吃一个月。他家里的积蓄很快花光了。有一天，他回家发现妻子因为丢了一粒药而号啕大哭。他一边安慰妻子，一边给电视台负责人打电话，接受曾经拒绝的节目邀请。后来，他还积极参与一些商业活动。有些人批评他到处"走穴"挣钱，有失文人风骨。戴老师说："如果丢了妻子，我要文人风骨做什么？"

　　的确，没有足够的经济支持，生活真的很难。真正让我对金钱有清醒认知，并且教会我如何规划财富的人，正是我的先生。他的智慧和经验为我树立了正确的财富观，使我能够灵活地应对生活中的各种财务挑战。

未雨绸缪的重要性

记忆里，我一直认为，自己是个"富有"的人。上小学时，我是班上零花钱最多的人，有时候，我会拿零花钱请同学们吃零食；上大学时，大多数同学每月只有三百元生活费，而我有四百元生活费。我平时不乱花钱，每个学期还有奖学金，所以，我在我们班也"很富有"。

班上有一位新疆老乡，他是篮球队成员。他平时吃得多，也花得多，还谈了个女朋友，每到学期末，生活费不够了，不得不找同学借钱。而在班上，能借到钱的人也寥寥无几，我就成了他定点借钱的对象。

班上组织毕业旅行。有一位好朋友计划和我们一起出去玩，出发的前一天却找不到人。过了很久，和她打电话聊起这件事，才知道她拿不出旅行费，又不好意思和我们说，最后拿到毕业证后就直接回了老家。那一次，我才意识到，如果没有足够的资金，出游都会受阻。

毕业后，我进了北京一家世界五百强企业工作，包吃包住。理论上，我应该有一些积蓄，可是大城市的花销太大了，每个月的工资都不够花。2015 年，当我打算去中国传媒大学进修时，一年上万元的进修学费都凑不齐。因为不想向父母伸手，最后找朋友借了四千元。朋友知道我的性格，不到万不得已，是绝对不会找她借钱。给我钱的时候，她就调侃我，说："你看吧，再高傲的灵魂，为了梦想也甘愿低下高傲的头，因为钱不够。"

钱不能解决生活里所有问题，但"没有钱是万万不能"的。从此以后，我有意地设立一个专项基金，定期存一笔钱。即使现阶段不需要大笔的开销，但不代表以后不需要。这就是我早期的"梦想基金"。当我存了五万元时，我用它做了很多事：去土耳其旅行、上兴趣班、给好朋友买礼物……

家庭小账户

我先生出生在一个普通的潮汕家庭，为了供他和他哥哥上大学，我公公、婆婆打几份工，千方百计地为他们筹措学费和生活费。对此，我深感佩服。在这样的家庭环境中长大的先生，更加明白钱的重要性。

先生上班的第一年，他就和我探讨过家庭财务问题。他常说，看着工资单上写着的收入，觉得置业很渺茫，似乎是一个遥不可及的目标。因此，他一直保持对金钱的敏感，等待机会的出现。终于有一天，他的领导把他叫到办公室，说公司有一批产品放了很久，卖不出去，问他能不能找找客户，多卖出去的部分算作他的奖金。得知有机会赚钱，先生马上有了精神，利用晚上的时间联系国外客户。终于，功夫不负有心人，他找到了买家，因此赚到了工资之外的第一笔收入。

我们省吃俭用，共同创建了一个家庭小账户，希望可以存够在广州购房的首付。2009 年，我们如愿以偿在广州有了自己的家；2013 年，我们在同一小区买了另一套房子，为父母提供了独立的居住空间；2014 年，我们把原来的房子卖掉，置换到同一单元，和父母搬到了一个单元，是上下楼，实现了"一碗汤"的距离。

我们心中有一个共同目标，那就是家庭和谐，孩子健康成长。我们在做每一步调整的时候，都会全面思考，以保证财产稳定为前提，取长补短。因此，我们无法为了创业而孤注一掷出售房产。2013 年，我出来创业，也是在有了一定积累后才考虑的。

生了儿子后，将近一年半的时间我都没有外出工作，全心照顾孩子和家庭，但是其间我并不焦虑，因为我的收入并没有停止，除了每个月的房租收入以外，还有超市的持续收入，这些钱让我有了停下来的勇气，同时我还可以有额外的余钱上私塾班。自由的时间安排，让我在追求事业的同时还可以照顾孩子。在儿子一岁的时候，我得以重新启动了我所热爱的纪录片事业。

小结

近几年，一些做实体生意的朋友受到了市场的影响。看到他们的遭遇，我再次坚定，越早搭建家庭财富系统越重要。

在我和先生的共同努力下，我们家庭的年收益率维持在预期的水平，较十五年前，家庭财产增值超过一百倍。目前，正朝着财务自由、安心退休的方向稳步前进。

04　财富自由之路

　　财富自由像一个阶梯，先要得到财务保障，然后才是财务安全，最终才能踏上财富自由之路。真正的财富自由是即使不工作，仍有源源不断的收入进账，也就是拥有持续收入。作为企业家，拥有成熟的系统为之工作，有源源不断的现金进账，这也是财富自由的一种状态。

　　我在朋友中不是最有钱的一个，但我是她们中享受时间最久的，长达三年多。其间，我没有焦虑，一切以养身体为主，同时还参加了私塾课。这主要归功于自己和先生较早的布局和规划，才能让自己如此心态平和。

财务保障和财务安全

　　想要达到财富自由，并非一蹴而就的。首先，需要了解两个关键词：财务保障和财务安全。

　　朋友小芬，定居在北京，是一位青年歌唱家，她的先生是颇有名气的导演，他们有一个正在上小学的孩子。然而，几年前，作为家庭主要收入来源的先生不幸遭遇了意外，离开了人世。不幸中的万幸，小芬之前做了一些房产等投资，这使得她和孩子的生活不受影响。

　　这就是财务保障。试想一下，如果你突然失业了，现有的积蓄能支撑多久呢？

　　首先，仔细计算每个月的开销，包括吃（伙食费），穿（购衣费），住（房租、物业费等），行（交通费、油费、过路费等），通信费（电话费、网络费、有线电视费等），保险费及其他费用。算出每月的必要开支总额后，根据自己现有的积蓄推算出可以支撑几个月的正常生活，即财务保障 = 每月开销费用 × 月。算出财务保障以后，才能让自己在设定的时间内安心地找工作。

　　演员刘玉玲，曾经在一次采访时分享她的金钱观：父亲告诉我，万事皆生意，我努力工作赚钱，并给它取名"去你的基金"。这个基金就是财务保险基金，当老板想要解雇你，或是让你去做不愿意做的事情时，你可以很有底气。

　　对于一个企业来说，现金流是非常重要的。在创业失败的朋友中，90% 的人都是因为现金流跟不上而导致失败。因为在创业过程中，常常会面对无法按时支付尾款的客户或无法按时结款的供应商，有些客户甚至要等到诉讼才会付款。因此，企业需要预留一笔钱以备不时之需，这就是企业的财务保障金。

新东方创始人俞敏洪老师关闭了一千五百家分校，辞退超过四万名员工。然而，他明确表示，所有辞退员工都将得到相应的赔偿，而且还承诺全额退还学员的学费。俞老师向大家透露，他一直有一个习惯，就是在新东方的账户上保留足够的资金。即使新东方突然倒闭，他也有足够的资金来解决员工遣散和学员退款的问题。储备资金高达一百多亿元，正是这笔储备资金让新东方避免了财务纠纷，并得以逆风翻盘。

财富自由

很多人认为，财富自由就是拥有一大笔钱，不再需要工作，一辈子也花不完，所以挣钱成了很多人的追求。然而，这是一个错误的认知。如果要实现真正的财富自由，你脑海中的资金是多少呢？一千万元？还是一亿元？

朋友莎莎是一位身家过亿的企业主。然而，她告诉我，尽管她拥有高昂的总资产，但还没有获得财富自由。早期，她在广州市内购买了一栋别墅，四千万元入手，现在估值一亿元左右。但是，就是因为这个别墅，还有她不断扩大规模的公司，资金链限制了她实现财富自由。由此可见，财富自由并不是由家庭总资产决定的，而是由家庭净资产以及现金流决定的。

莎莎虽然身家过亿，但是固定资产占据总资产的百分之六十左右。尽管她通过银行抵押贷了一些现金，又把钱投到公司中。然而，盘子越大，她的压力就越大。她的现金流不足以让她停下来，不足以支撑她的事业持续运转，不足以支撑她的公司所有开销。

梳理一下自己的梦想，每一个梦想的实现是不是都需要物质作为基础？这就是为何要打造属于自己和家庭的财富体系。有个朋友告诉我，她每年都会去一两个国家深度旅游，每次待个十天半个月，大概花费两三万元，甚至花费五六万元。金钱不仅是家庭生存的基础，更是每个人实现梦想的前提。

小结

在现代社会，财富自由成为许多人生活目标，蕴含着无尽的可能性和自由的生活。然而，实现财富自由并非一蹴而就，而是需要坚定的信念、精心的计划和持续的努力。

　　但是，财富自由并非遥不可及，可以在理性思考和积极行动的过程中，创造更多的可能性。在追求梦想的过程中，每一个努力都是开启财富自由之路的新篇章。

05　创造持续性收入

有了财务保障和财务安全，我们就可以考虑投资：让时间为我们工作，找到持续收入方法。我选择的是组合牌：风险大收益高项目＋风险小收益稳项目。

投资前

投资是一项复杂而又引人入胜的活动，对于许多人来说，它既是一种理财手段，也是一种实现财富自由的途径。在投资前，自己要理清思路：

第一，设立投资目标

约翰·肯尼迪总统的父亲老约瑟夫·帕特里克·肯尼迪，是美国历史上非常成功的投资人。他曾经说过这样一句话："为了保住我一半的财产，我愿意放弃另一半。"这句话反映了投资是有风险的。

每个人承受风险的能力各不相同。无论是激进派还是保守派，投资都是为了资产增值，所以，设立目标是投资的第一步。明确投资目标有助于完善投资决策，使自己更有条理地迈向财务目标。

第二，找出适合家庭的投资方向

投资的方向大概有六大类：不动产（房产和土地），债券（国家债券、地方政府债券和企业债券），股票（上市公司可流通的股票，不包括难以流通、专门挣股息的优先股），基金（未上市公司风险投资的天使投资基金和私募基金），金融衍生品（保险）和高价值实物（艺术品、贵金属、珠宝、奢侈品）。

在家庭的投资策略中，按照投资风险的不同将资金分配到不同的方向：房产投资百分之五十，以保持稳定可持续的资产增值；金融稳定型投资百分之三十；为了确保资产的相对稳定，金融风险型投资不超过百分之十，同时要预留现金百分之十，以备不时之需。

近些年，我也做了投资调整，退出了一些高风险的投资项目。我和先生在探讨这些年的投资时发现，投资其实就是一场游戏。以股市为例，作为普通人，没有足够的时间和精力去研究大盘，往往只能随波逐流，有时候亏了钱都不知道原因。因此，我们达成了一个共识：可以尝试投资，但一定要设定金额、比例以及投资时长。

理性的资产配置和明晰的投资目标是取得长期投资成功的关键。大家可以参考《重塑人生效率手册》里的表格，制订出适合家庭的配置计划。

第三，做好风险与实力评估

投资要考虑几个要素，包括回报、风险、流动性和准入成本等。准入成本是什么？准入成本是指投资过程中需要支付的费用，例如，买股票时支付的手续费。

对于大多数的投资者而言，先要考虑的因素就是回报，这是毋庸置疑的。但是，在追求回报的同时，必须同时与风险进行综合考量，根据市场情况和个人需求进行及时灵活配置。某年的股市势头很好，我有位朋友把家庭现有资金的百分之六十投入股市。当他获取房产信息时，遇到了心仪的房子，立即把股市的百分之八十资金转入房产中，预留百分之二十进行股市投资。对他整个家庭来说，这样操作既满足了提升居住条件的需求，一定程度上还控制了风险，并且保留一部分股市投资，并没有放弃可能挣钱的机会。

第四，借助专业人士的力量

在股票投资方面，我采用了一种全面的方法，包括与机构合作，例如，银行的私人理财顾问，定期和专业人士沟通，听取他们的判断，再综合各方观点得出自己的结论。依托专业人士的专业知识是一个很好的增加判断力的渠道。

在追求财富的道路上，引路人的帮助不可或缺。虽然我们可以选择自己摸索，但是与经验丰富的人一起前行，会大大提高效率。因此，我们要睁大眼睛，找寻引路人。首先，找到在某个领域表现优秀，并且取得成功的人，与他们为伍；然后，锁定学习对象，想办法找到他的联络方式，创造一次会面和交流的机会。

我的财富引路人是我的先生。我非常欣赏他在财务领域的敏感度以及宏观思维，尤其是他在投资领域积累了多年的实战经验。我们会固定时间交谈，分享我对房产的看法（女性对此确实有较好的直觉），他会给我分享对最近投资动向的洞见。先生不仅帮我打开了对资金的认知，还教会了我很多成功投资的法则。这对我来说，是一个全新而丰富的领域。

避坑策略

基于我和先生在理财方面的实践，结合目前的经济情况，我分享几个避坑策略：

第一，慎投贵金属理财

很多专家建议投资贵金属，尤其是黄金。然而，从长远的角度来看，贵金属投资并不是一个比较理想的投资，最终可能导致亏本。我身边有朋友曾经投资过银，却未能实现明显的盈利。

黄金通常被认为是一种避险资产，具有抗通货膨胀和经济不确定性的特性。然而，其价值的波动受多种因素影响，包括全球经济状况、地缘政治局势和货币政策等。

第二，慎投杠杆投资

杠杆投资是一种借助借款资金来放大投资规模的策略。尽管在市场表现良好的时候，杠杆可以带来更高的回报，但同样也增加了亏损的潜在风险。特别是对于新手投资者，缺乏对市场的深刻理解和经验，使用杠杆投资可能导致更为严重损失。

因此，对于个人理财，建议采用相对保守的投资策略，避免使用杠杆工具。

第三，慎投股票

我曾经因为投资股票而损失了一套房产。当时，我对股票市场并不了解，只是跟着朋友入手，却不幸迎来了较大的亏损事件。经过这一次亏损以后，我才明白要对投资产品有一个综合性的了解。买了股票意味着就是这家企业的小股东，即使是小股东，也需要对企业和政策进行综合趋势判断，培养自己的判断力，从而更有效地进行投资。

第四，慎投私募基金

当年，我不懂理财，盲目地跟着朋友投资了一个深圳的基金。事后才了解到那是一只私募基金。结果，这个基金并没有按照合同履行。虽然购买者联合起来起诉该基金公司并获得胜诉，但是，该公司没有偿还能力，最终只能赔付部分本金。

私募基金通常被视为高风险高回报的投资工具。虽然有可能获得较高的收益，但也伴随着更大的风险。由于私募基金投资范围广泛，包括创业投资和风险投资，其波动性较大，投资者可能面临较大的损失。

私募基金相较于公募基金，运作更为不透明。投资者难以对基金投资组合和运作情况进行详细了解，缺乏透明的信息，可能增加投资风险；私募基金通常具有较长的锁定期，即投资者需要将资金锁定一定时间，不能随时赎回。

对于一些普通投资者而言，可能更适合选择较为透明、流动性较好的投资工具，以更好地管理风险和实现财务自由目标。

第五，慎投房产

房产投资，一是要看地段，二是要看需求。考虑到当前的市场状况，如果打算通过投资房产获利，需要谨慎。

投资有风险，一定要谨慎。在这些年的投资过程中，我也掉进过很多坑。例如，手里有一些多余资金时，曾经投资过一个商铺。近几年，实体经济受各种因素影响，商铺租客一再要求降租，目前的租金都不够支付银行贷款，这就是一个比较失败的投资。

小结

　　投资有风险，这是事实，切忌抱有一夜暴富的想法。在投资之前，先要核算好家庭开销并且预留好家庭风险基金，再考虑尝试一些投资，并且制定好投资规划。

　　在不同的阶段，需要根据整体经济环境的变化不断调整投资策略。无论怎么调整，保证现金流很关键。尽量用不影响生活质量的资金投资，即使投资产生波动，也不至于对家庭生活造成较大的冲击。通过谨慎选择投资项目，将风险降至最低，并确保随时可以满足家庭的基本需求。投资是一个长期的过程，需要耐心和持续关注。

【思考和练习】

对照《重塑人生效率手册》的"财富管理坐标系"，作出 ABZ 计划，并定期做家庭（个人）财富板块维护和梳理。

财富管理坐标体系

planA+

起始收入

周 1　2　3　4　5　6

planB+

起始收入

周 1　2　3　4　5　6

planZ+

起始收入

周 1　2　3　4　5　6

planA：主航道，主业收入
planB：超车道，实现跨越的收入，比如副业
planZ：风险控制，兜底收入

42天ABZ计划

planA

planB

planZ

全年财富配置计划

分类	本金	预计平均收益率	风险评估
房产			
保险			
工资			
股票			
基金			
银行理财			
信托投资			
P2P			

第五章

提升状态

有一天，一岁多的儿子焦急地掰动音乐盒的开关。起初，音乐盒还能发出声音，后来逐渐变得颤颤巍巍，然后越来越小。先生告诉他："音乐盒没电啦。"并顺手给音乐盒换上新电池。当儿子再次掰动开关的时候，音乐盒里发出响亮悦耳的音乐。

每个人的状态就像音乐盒，充满了电，会不停地放音乐，一旦电量不足，可能最后没声音。如果想要保持好的状态，要时刻了解自己的"电池量"，在没有电的时候要及时充电。

当前，我常常听到，有人失业或者创业失败的消息，也感受到面临的危机。关于这个问题，我和赵博士深入探讨过，他说："其实，每个时代都有选择'躺平'的人，危机到来的时候，也有成功抓住机会的人，关键在于你想要成为谁。"

对赵博士的这番话，我深表认同。每个时代都孕育着机遇，能否成功，往往取决于一个人"敢不敢"。如果你"敢"去追求梦想，梦想就在实现的路上。"敢"是一种姿态，它反映了一个人内在的勇气和决心，表示愿意面对困难、挑战或不确定性，并且有足够的勇气去尝试、去行动。

在这个意义上，"敢"可以被看作是一种积极的内在状态，表达了对未知的勇敢迎接和应对的态度。正如我们常常夸一个人"最近状态真好"，这个"状态"是指一个人内在精神状态表现。

郦波老师在采访中说："我讲课也会累，但是，再累，我也有一种超越的愉悦。"我也有体验这个状态。在拍摄纪录片时，有些镜头的拍摄长达两个月，但是，当我在剪辑室看着记录下来的每一帧画面时，感觉像在欣赏一首首用生命演绎的赞歌，感受到生命的真实和力量，哪怕再累，我都非常享受。

漫漫人生路，困难和挫折是常态，迷茫和彷徨也是无法跨越的沟坎。人活着，可能会经历起起落落，好的状态能让自己在平静的生活里找到前进的动力，在风浪中找到支点。低谷的时候，要沉得住气；遇到挑战了，能扛住。在平常日子里修心，在低谷时才能具有爬起来的力量。

一个人最高级的状态，不是取悦世界，而是懂得接纳自己，从而找到充满能量的自己。与人相处的过程中，要通过理解、宽容，建立更和谐的人际关系，多一分理解，少一分批判；当情绪来临时，不要逃避或者抑制情绪，而是要找到情绪的根源，并采取积极的行动来调整。

如果每个人每天的电量都很有限，那么时间和精力花在哪里，就取决于自己的"电"用在哪里，这就是《重塑人生效率手册》中每天写出三件重要的事情的基本逻辑。每天聚焦重要的事情，完成它们，不仅目标明确，还能够知道自己的电用在哪里。

01　能量探索之旅

　　从小到大，我对"情绪"的认识不够，更不会处理情绪。父母一直教育我要独立，更不要轻易流眼泪。因此，当我感到委屈的时候，我总是强忍着，不会哭出来。

　　闺蜜曾经这样形容以前的我："你心地善良，能力强，唯独一个缺点，就是太情绪化了。幸亏我和你认识的时间长，了解你。如果是新认识的朋友，肯定会被你吓跑。"听到她的评价，我感受到自己也许需要学习如何控制情绪。

能量等级

　　有这样一个故事：在非洲草原上，有一群自由而且强壮的野马在广袤的大地上奔驰。有一只蝙蝠悄然无声地攀附在其中一匹野马的大腿上，用它尖利的牙齿将野马的皮肤咬破。当这匹野马感觉到疼痛时，大腿已经被蝙蝠咬出了鲜血。野马的脾气非常暴躁，看到鲜红的血液后，狂怒地奔跑起来，不断地跳跃，试图甩掉这只蝙蝠。但是，不管它如何挣扎，蝙蝠却死死地咬住野马的大腿不松口。当蝙蝠吸完血之后，离开了那匹野马。然而，因为过于剧烈的奔跑，导致血流加速，这匹可怜的野马最终因为流血过多而死亡。动物学家研究发现，这种蝙蝠身躯非常小，吸血量也不高，根本不足以将野马置于死地，导致野马死亡的真正原因是愤怒奔跑。

哈佛大学曾经对人的自我情绪控制做过一项调查。结果显示，人的一生，在获得成功、升迁和成就等积极结果的行为中，百分之八十以上都是因为当事人拥有良好的情绪，而个人技术只占了成功因素的百分之十五。这意味着，情绪控制能力的高低不仅影响个人生活，还影响个人工作、身心健康和人际关系。

从《霍金斯能量等级表》中，我们可以看到，能量层级最高的是人类意识进化的顶峰——"开悟"；其次是"平和""喜悦""爱"，能量层级都在五百以上；而严重摧残身心健康的能量层级是"羞愧"，能量层级是负二十。"内疚""冷淡""悲伤""恐惧""欲望""愤怒""骄傲"的能量层级都非常低，是消耗电量的因素。

霍金斯能量等级表

能量层级	数值	等级	描述
能量层级（正）	700~1000	开悟	人类意识进化的顶峰，合一，无我
	600	平和	感观关闭，头脑长久沉默
	540	明智	慈悲，巨大耐性，持久乐观，奇迹
	500	爱	聚焦生活的美好，真正的幸福
	400	明智	科学医学概念的创造者
	350	宽容	对判断对错不感兴趣，自控
	310	主动	全面敞开，成长迅速，真诚友善，易于成功
	250	淡定	灵活和有安全感
	200	勇气	有能力把握机会
	175	骄傲	自我膨胀，抵制成长
	150	愤怒	导致憎恨，侵犯心灵
	125	欲望	上瘾、贪婪
	100	恐惧	压抑，妨碍个性发展
	75	悲伤	失落、依赖、悲痛
	50	冷淡	世界看起来没有希望
	30	内疚	懊悔、自责、受虐狂
能量层级（负）	20	羞愧	几近死亡，严重摧残身心健康

　　生活中很多挫折和失败会不期而至。我很欣赏的一位女演员，她三岁入行，十六岁出道，在各个剧组里穿梭，承受着常人难以体会的辛酸。在《亲爱的朋友》中，主持人问她是否会表达自己的辛苦，她说："你觉得外面那些送外卖的小哥不辛苦吗？你觉得现在那些蹲在这里对稿子的工作人员不辛苦吗？你看谁不辛苦？所以你

凭什么要让别人了解你的辛苦？因为每个人都很辛苦。"

还有一次采访，另一个主持人问她如何面对负面的情绪。她说："我把情绪戒掉了。"戒掉情绪，也许是成年人自我管理的第一步。每当遇到让自己不开心的事情，她都会对自己说："我给你二十四小时，让这件事情过去。"她就是这样管理自己的情绪。

情绪韵律

心理学家阿玛斯提出过一个理论——"坑洞理论"。"坑洞"指的是已经失去联系的某个部分，也就是自己无法意识到的某个部分。从根本上来看，我们真正丧失的是对本体的觉察，从而产生匮乏感。本应从自己内心找寻的存在，因为缺失，便盲目向他人索取，以证明自己的价值。

盛华老师说："在人生路上，每个人会遇到很多人生的'坑洞'，但是可以把它们暂时放在一旁，然后继续前进。"话音刚落，盛华老师拿起一个抱枕当作"坑洞"丢在一旁，"遇到情绪后，先悬挂起来。当我们不断遇到'坑洞'时，才能跳出来并开始思考情绪。当我们思考时，改变就已经开始了。"

课程结束后，这个画面时常出现在我的脑海里，帮助我解决了生活里的很多困惑。例如，之前和与父母有不同意见时，我们总是陷入激烈的争吵，吵完后，我心情很失落，然后就躲起来痛哭一场。虽然我后悔不已，但是，类似的事情再次发生时，还会继续争吵，继续痛哭。这样持续循环了三十多年，我非常痛苦，却不清楚这个情绪到底来自哪里，为什么每次都重复上演。现在，当类似的情况再次发生时，我也许依然会发脾气，控制不住自己情绪，但我会去复盘，回想情绪爆发的时刻，寻找那些牵动我情绪的"坑洞"，然后告诉自己："我看见你了，但我不会批评你，也不会自责。"这个过程很有趣。慢慢地，我的情绪更加稳定了。

人的情绪不是恒定不变的。哈佛大学心理实验室研究结果表明，人的情绪周期平均为五个星期，也就是一个人的心情由兴奋降到沮丧，再回到高兴，往往需要五个星期的时间。每个人的情绪周期不同，有些人的周期较长，有些人的周期较短。

因此，我们可以记录自己的状态，并且找到属于自己的情绪规律。我们可以这样做：以一年中的 7 月为例，横坐标为日期，从 1 日至 31 日；纵坐标为能量指数，其中细分为兴高采烈、快乐、感觉还行、很一般、感觉不佳、伤心、沮丧和焦虑。

通过记录每一天的情绪，然后再以月为周期做一个简单的表格。连续记录三个月后，可以发现自己的情绪规律。看到什么时候是自己的情绪高潮期，什么时候是情绪低潮期，这有助于对自己的情绪进行预测，并做相应的调整。

　　情绪高潮期，提醒自己遇到事情时不要过于兴奋，要谨慎，多给自己安排一些具有挑战的工作，让自己的精力得以释放；情绪低潮期，可以运用手册中的平静状态七大工具进行调整。无论选择哪个工具，它都会帮你度过情绪低潮期。

　　有一天，女儿说老师给她们分享了一个方法，叫作"太好了"。我很好奇，这是什么方法？女儿说："例如，我今天作业很多，太好了！为什么呢，因为可以让我获得更多知识。又如，我今天打架了，太好了！这又是为什么呢？因为打架赢了，让我知道我很强壮。"

　　起初，我觉得，这位老师教授的方法可能是正向思维，后来在吸引力法则课程上，赵博士深入浅出地告诉我"选择开心"的原理其实就是调整自我对话系统。从科学角度来说，人的大脑没有好坏、对错的概念，所以"选择开心"也不需要符合逻辑。这是一个很好用的工具，在日常生活里，这是一把掌控情绪的钥匙。

　　通过学习、对照、观察、复盘、实践，再学习、再对照、再复盘……我完成了自我了解和探索情绪的过程。我已经找到自己的"固定模式",也探究出"情绪卡点"。很长一段时间,我没有再发脾气。母亲有一次和我说:"你真的变了很多。"听完这句话,我内心充满了喜悦。

日能量规划

你的一天计划是怎样安排的?是否在记事本子上写满了密密麻麻的计划?几点吃饭、几点喝水、几点睡觉、几点运动、几点工作、几点见客户?在这些具体安排中,你的情绪可能会被它们所影响,也许是完成的喜悦,也许是不能完成的沮丧。在不知不觉中,你被这种线性的时间所操控,而忽略了眼前、当下的美好生活。

在《重塑人生效率手册》中,我第一次尝试用一种全新的角度去看待时间,从二十四小时的人为规定的时间里跳出来,进入和自然宇宙同频共振的能量生活状态,从四季循环的基本模式和规律出发,顺应一天的能量规律,把一天划分为四个部分:启动、生长、创造、成熟,让自己发现内在的自然规律,弹性规划一天,找到属于自己的生命节奏。

启动(5:00—10:00),对应春季,是开启和激活身体,生命力和原动力的时间段。这是一天崭新的开始,适合安排照镜子、运动,以及吃营养早餐等带来活力的事情。

赵智光博士建议，每个人每天早上起床第一件事，就是去照镜子，然后对着镜子里的自己说："美女（帅小伙），早上好，我爱你！"他说，这个练习非常重要，因为一个人需要爱上自己，面对自己，才会相信自己值得拥有。

生长（10:00—14:00），对应夏季，代表着扎根生长并且充满力量的时间段。这段时间，精力充沛、元气饱满、思维活跃，适合安排工作、学习，以及与人沟通的事情，以提升自己的各种能力，充实个人成长。

创造（14:00—18:00），对应秋季，标志着生命发展转变为收获和蜕变的时间。这个时段适合动手执行，尝试新鲜事物，为自己的生活注入新活力。

这个时间段也是比较疲惫的阶段，我一般会喝一杯咖啡。赵博士教了一个瞬间可以精神饱满的方法，叫作"锁住成功"法。很多奥运冠军在比赛前都有属于自己的"锁住成功"小动作，例如，飞人博尔特跑步前会手指朝天，NBA 球员詹姆斯喜欢赛前抛镁粉，加内特是激情和热血的代名词，用头撞击栏架。我们每个人都可以寻找到适合自己的"锁住成功"动作，利用特性分泌化学物质，调节我们的自身能量和状态。

成熟（18:00—23:00），对应冬季，代表着稳固和成熟的阶段。

在这个时段中，适合总结和复盘，进行休养生息，放松身心，享受一天努力的成果，例如，写日记、阅读，或者进行一些舒缓的活动，例如，泡脚、陪伴家人等，之后，为进入夜晚的休息做好准备。

每个人都是时间和生命的艺术家。灌溉属于自己的生命花园，打开独一无二的宝藏人生。这四个时段，就是我们的日常能量指南，让自己能在变幻莫测的世界里，始终保持清醒和觉察，认真过好每一天，沿着生生不息的自然之道，扎根当下，努力生长，不再对未知的明天迷茫和恐惧，活出生命的无限潜能。

小结

心直口快一直是我对自己无法掌控情绪的说辞，将自己标榜为真实坦率，没有恶意。然而，赵博士说："如果你面对很崇拜的偶像，你会对他发脾气并且说：'对不起，我就是心直口快，刀子嘴豆腐心'吗？"我心里暗想："对啊，肯定不会。"因此，我是有掌控情绪的能力的，只是我选择了对象。

如果说，人生就是一场梦，那么，现在我的梦醒了……

【思考和练习】

在《重塑人生效率手册》中找到"每日 MVP 目标"，记录每天的能量日程和生活。

MVP目标 ——————————————　　今日目标 ——————————

照镜⧗　喝水⧗　早餐⧗　营养均衡⧗
冥想⧗　锻炼⧗　泡脚⧗
观影⧗ ——————————————————
阅读⧗ ——————————————————

能量日程生活

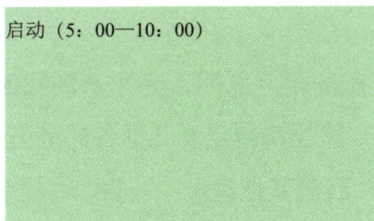

启动（5：00—10：00）

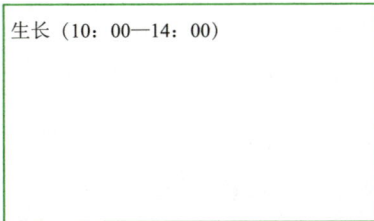

生长（10：00—14：00）

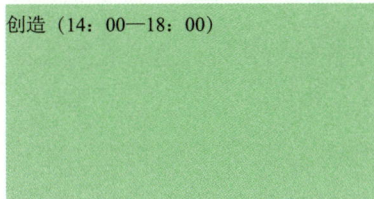

创造（14：00—18：00）

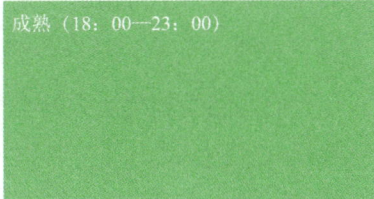

成熟（18：00—23：00）

今日复盘

02 生命礼物

女儿很喜欢玉桂狗，所以，我时不时会给她买个小玩具，趁她不注意的时候给她"变"出来，说这份礼物等了她很久。此时，我女儿会发生咯咯的笑声。

有一年，我的好朋友青青姐，在圣诞节前期，突然来到我家，塞给我一张黑胶唱片，神秘地说道："这是我给我女儿准备的圣诞节礼物，先放你家，不要被小姐发现了。"我赶紧把这份"礼物"藏起来，这张唱片承载着一个母亲对女儿深深的爱。

每个人的一生中，都会收到各种各样的礼物。这些礼物犹如魔法，让我们能感受到生活中的美好。

给自己的礼物

走向成长之路，是我送给自己的礼物。

两年前，如果有人对我说："袁博，你不够爱自己。"我会特别不服气，因为我能满足自己的物质需求，也可以给自己安排旅行，甚至可以随时辞职去做自己想做的事情。由此来看，我挺爱自己的呀。后来，在学习的过程中，我才发现对此有极大的误解。

很多朋友认为，我是一个很自信的人，我其实很在乎别人对我的评价，背后藏着深深的自卑。这种自卑源于我没有如父母之愿是一个男孩子。我所有的努力，都是想用这些成绩向父母证明，我不比男孩子差，我也可以是家里的顶梁柱。

从大学开始，我一直在探索生命的真谛，思考什么是人生中最重要的。最初，我认为是名誉和财富。后来，我发现，它们带给我的幸福很有限，像买了个奢侈品牌的包一样，兴奋三天后，包就被我束之高阁。

直到三十九岁时，我终于找到了通往成长之路的大门。在感谢老师们的同时，我最感谢的还是从未放弃过探索的自己。我坚信，我值得这份生命礼物。当我一步一步挖掘出行为背后的根源后，我变得不一样了，我开始接纳自己，学会倾听内心的声音，学会如何爱自己，勇敢地尝试和改变。我每天对自己说：我无须证明自己有多么优秀，无论我怎么样，都值得被爱。现在，我时不时给自己订几束鲜花。

如果我没有走上成长之路，那么，当我生完女儿得抑郁症时，当母亲生病时，当第一个试管婴儿在体内停止成长时，我将无力面对。也许我会选择让自己变得麻木，因为麻木能让面对痛苦的我好受一些，或者愤怒、抱怨、烦躁，甚至躲避。

现在，我可以通过正确的方式释放情绪，疗愈自己的伤痛；同时，我可以站在更高的地方，全面地看待这一切，意识到这些挑战就是生命中的常态，而我也有了应对的勇气。其实，每一个人经历的每一份痛苦的背后都隐藏着一份礼物，只要我们学会如何看待痛苦，战胜困难。

我在一家疾病控制中心采访了一位艾滋病感染者，她是在一次意外事故中感染了艾滋病。她长得很好看，有着黑色的波浪卷发，像极了一位影星。整个被采访过程中，她都是面带微笑的。

我问她："当知道自己被感染了艾滋病后，是什么感觉？"她说："最开始，我是害怕的。后来，我慢慢地接受了。"

采访快结束的时候，一个小伙子来疾控中心找她。听工作人员介绍说，这个男孩也是艾滋病患者，和女孩是在这里做义工认识的。只要有时间，他们就会到疾病控制中心给前来咨询的人做艾滋病的知识普及。

女孩见我还没有离开，大方地把男孩子介绍给我。寒暄时，得知他们并不打算要孩子。男孩淡定地说："我们目前的计划就是边打工边在疾控中心做义工，现在的生活挺好的。"女孩应和着："嗯嗯，我们在疾控中心也学习到更多正确治疗艾滋病的方法，我想，只要我们按时吃药，我们也不会那么快恶化。"

夕阳的余晖照在这两位青年脸上，在我采访中，他们是少有的如此淡定的受访者。时隔多年，我依然记得他们当时的状态，记得从他们眼睛里反射出来落日的光。

学会放下

在拍摄纪录片的这些年，我接触了很多不同行业的人。深入了解他们的生活后，我发现，一个人的状态可以展示他们当下生命的能量。

当年，在拍《女性·艾滋病》纪录片的时候，我采访过一个二十岁出头的女孩。失恋后，她去酒吧玩儿，后被传染了艾滋病。当她去医院拿到检测报告单时，她整个人崩溃了，坐在地上，一下子就没了"电量"。

她连续三个月都在那家酒吧附近徘徊，希望能找到那个男孩。然而，那个男孩像消失了一样，再也没有出现过。

我问她："你为什么那么急切地想找到他？"

她说："我就是想当面问问，他是否知道自己得了艾滋病。"

我接着问："如果他肯定回答呢？"

　　这时候女孩嘴唇颤抖了一下："知道自己有病，为什么还要出来祸害别人？"她的眼神里闪现出一股愤怒，然后低下头，默默地流泪。从她的眼神、表情和话语里，能读到很多复杂的情绪，她是多么的孤独和无助。此时，摄影师正好抓拍到天边的一片云，刚好从女孩的左肩飘到右肩。

　　当我们生气、失望或愤怒的时候，很容易让这些情绪占据我们的内心，导致我们失去理智和平静；如果选择放下，即使对方做出了让我们不满的行为，我们也会对此保持冷静。这样，我们就能更好地控制自己的情绪，保持一个良好的状态。

　　当我们容忍别人的错误或过失时，对方会感到我们的宽容和包容。这种宽容和包容会让我们和别人建立更加和谐的人际关系，对方也会更加愿意和我们交往。

　　我很喜欢泰戈尔的一首诗《触摸自己》。这首诗不仅是一首诗歌，更是一场心灵之旅，让我们反思并与自己对话，通过自我发现获得内心的平静与满足。

触摸自己

泰戈尔

　　你靠什么谋生，

我不感兴趣。

我只想知道，

你渴望什么，

你是否有勇气追逐心中的渴望。

你面临怎样的挑战、困难，

我不感兴趣。

我只想知道，

你是怨声载道，

还是视它为一次学习和成长的机会。

你的年龄，

我不感兴趣。

我只想知道，

你是否愿意冒险，

哪怕看起来像傻瓜的危险，为了爱，为了梦想，为了生命的奇遇。

什么星球跟你的月亮平行，

我不感兴趣。

我只想知道，

你是否看到你忧伤的核心；

生命的背叛，
是敞开了你的心，
还是令你变得枯萎、害怕更多的伤痛。

你跟我说的是否真诚，
我不感兴趣。
我只想知道，
你是否能对自己真诚，
哪怕这样会让别人失望。

你跟谁在一起，
我不感兴趣。
我只想知道，
你是否能跟自己在一起。

你是否真的喜欢做自己的伴侣，
在任意空虚的时刻里。

你有怎样的过去，

我不感兴趣。

我只想知道，

你是怎样活在每一个当下。

你有什么成就、地位、家庭背景，

我不感兴趣。

我只想知道，

当所有的一切都消逝时，

是什么在你的内心，支撑着你。

愿我看到真实的你。

愿你触摸到真实的自己。

小结

　　《增广贤文》写道："自重者然后人重，人轻者便是自轻。"

　　这句话的意思是，懂得自尊自爱才会被人看重，自轻自贱只会让人看轻。一个人最高的境界，不是取悦世界，而是懂得真正接纳自己。对自己苛求太多，往往是自寻烦恼。每个人都是在自己的人生剧本里奋力演出，爱自己所有的经历。

　　通过正确的方式，在日常生活中，我们可以不断提升自己的能量，从而让自己状态满满，迎接每一天的挑战。"关关难过，关关过"的这个过程，就是成长！

　　生命之路，实属不易，但值得经历！我愿意，灿烂此生！

03　为自己充电

诗歌是诗人内心世界的抒发，是他们记录当时所处情境下的所思所想的表达，是对生命的深刻感悟。我常常能感受到，诗人的诗句中散发出来的独特的"电量"。

《重塑人生效率手册》提供了七大工具，帮助我们达到平衡的状态，包括阅读、观影、旅行、植物种植、冥想、瑜伽和技能提升。我们可以给自己一个体验机会，然后通过实践去筛选真正能给自己带来"平静状态"的、不需要坚持的、每次做都很开心的工具，然后坚持下去，一生为伴。

阅　读

我非常喜欢阅读。即使在电视台工作时，我每周都会挤出一个小时来专心阅读。阅读不仅是获取信息，更像和作者进行精神交流。通过文字，我可以感知不同的人生观、价值观，从而对自己的思考和认知进行反思，这个过程充满了愉悦。

现在，我有了更多属于自己的时间，我每天给自己腾出专属的阅读时间。倒上一杯茶，放上轻音乐，为自己和作者创造一段单独"约会"的时光。在小区里，我发起了一个"南天悦享读书会"的阅读小组，每两周举办一场线下读书会，和志同道合的邻居们一起交流读后感，这真是一件很幸福的事情。

女儿受我的影响，也爱上了阅读。她的班主任说："你女儿一下课就去班级读书角，拿一本书读，真是一个爱读书的孩子。"对于一个能够沉浸在图书海洋里的孩子，未来会有更多的生命体验。通过阅读，她不仅结交了很多优秀的朋友，还打开了探索世界的大门。

通过阅读，超越了现实的局限，迸发出思想的火花，让自己在文字的海洋中航行，收获无尽的智慧和感悟。书籍已经成为我生活中不可或缺的伴侣。

观　影

我们家每周都有固定的观影时间，这也是全家最开心的时刻。先生早早准备好零食，和孩子们一起，边吃边看电影。一岁五个月的儿子，和我们一起观看电影《封神榜》，也看得津津有味。

每部电影展示着一个大千世界，每个人通过观看影片收到的信息也是不一样的。优秀的影片能够为我们提供知识营养，引发深刻的思考，带领我们进入不同的视角空间。我们一起分享欢笑、悲伤、惊喜和感动。影片中的情节引发我们的情感共鸣，让我们更好地理解彼此的内心世界。这种情感共鸣不仅拉近了家庭成员之间的距离，也培养了我们对情感的敏感性和理解力。

在这个共同的观影时光里，我们不仅分享着视觉盛宴，更是一家人共同品味文化的美味。

旅　行

旅行有多种形式：家庭之旅、个人之旅和学习之旅。

和家人一同旅行是一种珍贵而愉悦的体验，为我们创造了难忘的共同回忆。在旅途中，我们共同欣赏美景、文化和风土人情；同时，在陌生的环境中，我们需要相互扶持、理解和协作，不仅增进了家庭关系的和谐，也培养了我们共同面对挑战的勇气。

我基本上每年都会给自己安排一场静心旅程。对此，我很感谢家人们对我的支持，使我得以一个人去自己想去的地方，例如，土耳其、摩洛哥等。

　　一个人的旅行有诸多好处。在旅途中，我不用照顾他人，自己可以完全沉浸在风景里。有时候，我可以一天不说一句话，自己在那个场景里慢慢体会。旅行结束后，感觉自己又"充满了电"，可以再次投入生活，回归妻子、妈妈和女儿这些角色中。一个人的旅行，我只需要做好我自己，享受这段属于个人的时光。

　　无论生活多么忙碌，需要给自己提供一个出去走走的机会。这种独自的旅行，不仅是对身心的放松，也是对生活的一次重新审视，为自己的精神和身体注入了新的能量。

　　此外，我还会不定期给自己规划学习之旅。在过程中，不仅可以拓宽视野，接触新思想、文化和知识，而且通过不断超越自己，更好地应对生活中的各种挑战。同时，在学习的过程中还可以与同学互动，借鉴和学习他们的经验，甚至拓宽自己的知识，让我在人生旅途中更加有意义。

植物种植

　　植物作为自然界的重要组成部分，不仅为我们提供了食物，同时还蕴藏着深厚的文化和疗愈价值。

　　植物被认为具有特定的能量，能对身体的能量场产生影响。例如，在自然环境中漫步、触摸植物、嗅闻花朵或树木的香气，或者静坐在一片树林中，都可以帮助人们放松身心，减轻压力和焦虑。

我选择一些喜欢的植物，长期照料它们，同样也是一个静心过程。我的茶桌上长期都会摆放一些绿色植物。在照顾它们的过程中，看着它们每天的变化，自己心情也愉快。通过与植物建立联系，我能体验到大自然的奇妙，让自己更加深刻地感知到生命的美好。

冥　想

我第一次接触冥想，是在十五年前。

我的纪录片老师有冥想的习惯，每天开早会前，都会给自己一个冥想的时间。我们不会去打扰他，等他冥想结束后，再一起开会。我问他，冥想是什么？他说："冥想就是和自己待在一起。"

后来，我开始阅读一些关于冥想的书，也参加过一些线下的课程。虽然我知道冥想很好，但是坚持不下来。直到最近参加了一次关于冥想的课程，老师在课程里详细讲解了冥想带来的益处，再次引发我对冥想的兴趣。当第一次体验到冥想带来的内在力量，感受到一股能量时，那一刻，我竟然流下了眼泪。

后来，我阅读了《业力管理》这本书，了解了麦克·罗奇提出的咖啡冥想，让我对冥想有了全新的认知。作为重度使用手机者，十分钟之内不看手机，我就心里发慌，总怕别人联系不到自己。践行冥想之后，我把手机放在一旁，播放着冥想音乐，整个过程持续二十至四十分钟，不仅不想看手机，而且也不焦虑。

冥想过程中，我只关注自己的呼吸。当脑海涌现出一个念头的时候，我就轻轻地提醒自己，回到当下。在冥想的过程中，很容易觉察自己的情绪，也更容易让自己集中注意力。慢慢地，冥想的时间越来越长，我也更加喜欢这种与自己独处方式。

通过冥想，我建立真正的自我掌控力，获得了内心的自由，为我的生命注入了更多的意义。

瑜　伽

瑜伽姿势运用古老而易于掌握的技巧，改善人的生理、心理、情感和精神方面的能力，是一种达到身体、心灵与精神和谐统一的运动方式，包括调身的体位法、调息的呼吸法、调心的冥想法等，以达到身心的合一。

我接触瑜伽是受到了朋友的影响。十年前，一位朋友通过瑜伽成功减重十公斤，更重要的是，他的心态由此更加平静。后来他去了印度继续深造瑜伽，回国后成为瑜伽教练，带领更多人修习瑜伽。那时，我一直在寻找适合自己的运动，曾经尝试过跑步、健身和跳绳等，但是都没有坚持下来。后来尝试了一段时间瑜伽，感觉效果不错。

瑜伽和冥想相辅相成。冥想是瑜伽中的重要组成部分，坚持做瑜伽，可以让人更容易进入冥想的状态。你可以在家附近找一个瑜伽教练，尝试各种练习方法，直到找到适合自己的，然后把瑜伽当成日常的一个锻炼习惯。

当然，也许有朋友不喜欢瑜伽，可以尝试站桩，这是我近一年体会最好的一个项目。在站桩的过程中，我收获到了很多奇特的感受，身体素质也明显得到了提升。无论是冥想还是站桩，都是给我带来平静状态的重要方法，它们慢慢融入我的生活，为我的生活注入平静的能量，成为陪伴我终生的习惯。

技能提升

你还记得小时候的梦想吗？你有没有把它弄丢？

在《重塑人生效率手册》中，有一个全年技能提升的图表，我们可以根据自己的情况制订技能提升计划。我曾经学过书法、钢琴和写作，虽然都没有继续下去，但对我来说，这也是一个自我探索的过程。

我到广州的第一年，常常因为听不懂广东话而发愁。于是我就利用休息的时间报了粤语学习班。后来在采访的时候，我都可以和主人公用粤语交流，我也因此获得了很多采访机会。

2023 年，我开始学习钢琴，报了一个网络学习班。现在，女儿成了我的钢琴老师，每天放学只教我半个小时。当我能弹出完整的曲目时，父亲都觉得很惊喜。在弹琴的时候，除了培养了我的专注力以外，我还能感受音乐给我带来的愉悦，释放内心的情感。

现在，我重新拿起画笔学习水彩画。从水滴开始练习，慢慢寻找自己感兴趣的事情。有时候沉浸在创作的世界里，不知不觉过了一整天，时间也觉得慢了下来。有一年春节，我给好朋友们送去自己画的明信片，他们收到后都非常开心。

游泳是一种非常好的运动，不仅可以锻炼身体，还可以缓解压力和焦虑。当我徜徉在水中，仿佛与外界的喧嚣隔绝，让人得以在宁静中找到片刻的放松。

当我们掌握了一项新技能时，会在交际中获得更高的认可，不仅可以证明自己的能力和价值，还可以让自己的状态更好。

小结

对我而言，过去的三年就是一个从没电到充满电再次出发的过程。第一次提笔写这本书的时候，已经是三年前的事情了。在完成初稿后，我整个人的状态很不好，心里总想着快点把书稿完成，但是身体和内心都无法配合。直到 2023 年底的某个清晨，我打开电脑，突然很想打开那个长时间被搁置的书稿文档。那一刻，感觉到自己的电量充满了，又可以继续前进了。

因此，当状态不好的时候，我们可以先按下暂停键。暂停的过程就是在为自己的生命状态"充电"的过程。然后，选择做一些让自己舒服和愉悦的事情，让事情自然流动，等待一个契机。一旦时机成熟，会再次启动想做的事情。

在人生这场未知的旅程里，每个人将面临各种各样的考验。在不同的情况下，我们要调整自己的状态，从容面对；一旦"电量"耗尽，我们也要找到适合自己的充电方法，给自己注入新能量，以保持自己在面对挑战时的最佳状态。

【思考和练习】

对照《重塑人生效率手册》的"状态管理坐标系"，分别尝试，找到感兴趣的项目以及适合自己的方法。同时，定期做个人技能规划。

阅读

观影

旅行

植物种植

冥想

瑜伽

技能提升

1. 技多不压身，通过制订计划把爱好变成技能。
2. 每周看得见的成长。
3. 项目中可填写"钢琴、写作、演讲"等，根据自己具体情况制订计划。

第六章

迈向美好世界

胡适先生曾说："人生的意义全是各人自己寻出来、造出来的，高尚也好，卑劣也罢，清贵、污浊、有用、无用等，全靠自己的作为。生命本身不过是一件生物学的事实而已，有什么意义可言？"

那么，生命的意义是什么呢？在我们呱呱坠地时，对于这个问题肯定是一无所知。随着岁月的推移，在不断失去和得到中，我们慢慢成长，渐渐地体会到了生命的意义，了解了生命的真谛。每个人也在不断成长中体验不一样的人生境界。

人与其他动物的不同，人在做某事时，了解自己在做什么，并且自觉地做。做不同事情有不同的意义，各种意义构成了一个人的人生境界。若是不管这些个人的差异，我们可以把各种不同的人生境界划分为四个等级，分别是自然境界、功利境界、道德境界、天地境界。

自然境界：一个人做事，可能只是出于本能或社会的风俗习惯，而并无感觉，他所做的事，对于他没有意义，或意义很少。

功利境界：一个人可能意识到，为自己而做各种事情，这并不意味着他是不道德的人。他可以做些事情，其后果有利于他人，其动机则是利己的，他所做的各种事情，对于他有功利的意义。

道德境界：一个人了解到社会的存在，他是社会的一员。这个社会是一个整体，他是这个社会整体的一部分，因此，他就为社会的利益做各种事情，或为了"正其义不谋其利"。他真正是有道德的人，他所做的事情都是符合严格的道德意义的道德行为。

天地境界：一个人可能了解到，还有一个更大的整体，即宇宙。他不仅是社会的一员，同时还是宇宙的一员。有这种意识后，他会为宇宙的利益而做各种事情。他了解他所做的事情的意义，自觉做他所做的事。

随着不断学习和提升认知，我逐渐对不同境界有了不同感受。再回头看自己所做的事情，有了更多的选择，也有机会探索生而为人的不同境界，感受到生而为人之道，了解了每个人都可以为这个社会、人类，乃至宇宙利益而努力。

01　人与环境

　　小时候，只要父母有空，周末都会带我去乌鲁木齐郊区的南山。那是一片宛如仙境般的生态大草原，充满了自然的神奇和宁静。我们在那广袤的草原上骑马，每一次的驰骋都让我感受到生命的活力。玩累了，找个草原旁的山泉，品味那甘甜的山泉水，每一口都让我心旷神怡。这片美丽的土地，承载着我对家的眷恋和对自然的敬畏，成为我人生中不可磨灭的一部分。

　　我们置身于自然的怀抱，感受到无尽的美好，却也不得不面对人类自身活动所带来的问题。作为一个普通人，又能为这个地球的环境做些什么呢？那就从力所能及的小事开始，或许我们能激励更多人关心环保，共同建设一个更为可持续和清洁的地球。

不浪费粮食

我们家有个不成文的规定：吃饭吃干净。小时候，女儿吃饭总喜欢留一些饭粒，我就告诉她："碗里的那些小饭粒都是你的福气，只有把饭粒吃干净了，你的福气才不会被浪费。"在这样潜移默化的教育下，她也慢慢养成了把饭吃干净的好习惯。

今天，约三分之一的食物最终会变成垃圾，这意味着一部分森林和湿地被污染，一部分水域和土地失去了生物多样性。同时，食物在加工和运输的过程中也会排放温室气体，并且浪费的食物在垃圾填埋场里腐烂时，也会产生温室气体。

世界银行 2020 年发布的报告《减少粮食损失和浪费：因地制宜解决全球性问题》中提到，农业是第四大温室气体排放产业，占总排放的百分之二十四。如果我们杜绝粮食浪费，将会减少百分之八的温室气体排放，百分之十九的化肥使用，百分之二十一的淡水资源，百分之十八的农业用地，百分之二十一的垃圾填埋空间。

因此，每个人，通过减少食物浪费，我们有机会减轻地球环境的负担，为可持续发展作一份微薄的贡献。

购买新鲜的当季食品

购买新鲜的当季食品，不仅对身体健康有好处，同时可以减少因保存带来的耗能，还可以减少运输带来的耗能。

农业、林业和土地利用直接约占温室气体排放的百分之十八。如果算上包括制冷、食品加工、包装和运输在内的整个食品系统，则占到了温室气体排放量的四分之一。如果购买当地新鲜的当季食品，也算是为环保贡献一份力量。

从自己做起

人们的日常生活消费和环保息息相关，北京大学保护生物学吕植教授在《螺丝在拧紧》文章中写道："消费者是很有力量的，你要什么，厂家就生产什么。如果我们要对环境更加友好的产品，厂家就会往这个方向走，实际上有个引导作用。"

1. 使用环保产品

我们家使用环保品牌的产品已经超过七年。我知道，每一次做家务都是在为环保事业贡献一份微薄的力量。例如，我们选择的洗衣液采用的是天然萃取、生物可降解的表面活性剂和天然酵素，不添加氯性漂白剂、氨、甲醛和邻苯二甲酸酯的配方，洗衣服排出去的污水不会污染湖泊和海洋。

2. 使用自己的餐具和杯子

有时候我也会在家里点外卖，但是，每一次我都会在"是否需要餐具的选项"里勾选"不需要"。这看起来是小事，但也是在为环保出一份力。

3. 不买过度包装的商品

首先，避免购买过度包装的商品，而选择包装简约、环保的商品；其次，如果收到包装精美的礼物，看看包装是不是可以二次利用，例如，把礼物的包装材料做成收纳盒之类。这种创意的再利用不仅有助于减少废弃物的产生，还能延续包装材料的使用寿命。

4. 善用旧物

在搬新家采购家具时，我也会看看现有的家具是否可以再使用。父母把我小时候上厕所用的小尿盆从新疆拿到广州，我女儿用完，儿子接着用，真成了"传家宝"了。每一件旧物背后都有一段故事，和孩子们分享，也是一段暖暖的情景再现。

建立自己的"保护区"

在《螺丝在拧紧》文章里，吕植教授提出了一个主张："有一件事情是大家都可以做的，就是把你身边的这一片地——不管是小区也好，单位绿地也好，感兴趣的话，把它变成自己的保护小区。我们在北京大学就建了保护小区。如果你想把某个地方保护下来，就可以到当地林业部门登记一下。"

吕植教授带着感兴趣的北大学子们，通过自然保护小区的登记，发展了很多地方，包括未名湖区、勺海、西门鱼池、鸣鹤园和红湖等。在师生管理要求下，部分区域停止清理落叶，不打农药。她说，这个地方有什么好的（自然现象），记录下来，就是一份清单；同时观察它的变化，这就是一份非常好的公民科学记录。

河南省焦作市温县，有一个农场种植铁棍山药，至少需要八年才能轮作一次。如果种过铁棍山药的地块，第二年继续种植，山药的品质和产量会急剧下降。可见，土地对植物的影响巨大。如果不是深入农业这个行业，我无法了解土地污染问题，其中包含重金属污染、农业污染和生活垃圾污染等。

作为一个普通人，我们可以采取以下措施，为这片土地贡献自己的力量：

（1）尽可能选择购买绿色无公害蔬菜水果，这样可以促使生产厂商减少使用化肥农药，从而减轻对土地的污染。

（2）减少使用塑料袋等一次性塑料制品，改用可以完全降解的全生物降解袋，并在外出购物时自备环保袋。

（3）进行垃圾分类，特别是对电池、电子产品、药物和护肤品进行垃圾分类回收，确保它们得到妥善处理，减少对土壤的污染。

（4）发现周围土壤散发异味、颜色变化等异常情况，或者发现污水偷排到土壤中，都可以拨打 12345 举报，积极参与监督和保护土地环境。

（5）科学使用农业化肥和农药，自己种菜时，要合理使用化肥和农药，建议使用有机肥，同时不随意丢弃农膜和农药包装袋。

（6）参与自然保护活动，加入志愿者团体或环保组织，参与植树造林、野生动物保护、海滩清理等活动，直接参与到自然保护中，培养对自然的责任感。

（7）分享环保信息，增加人们对保护环境的认识，可以通过社交媒体、演讲、写作等方式，让更多人意识到自然保护的重要性。

（8）定期参与自然教育活动，走到室外，亲近自然。例如，带孩子去森林公园和自然接触，进行自然教育，科普保护土地的常识，培养对土地的关爱和保护意识，也可以徒步旅行、露营、欣赏星空等。户外活动不仅能让我们与大自然更加亲密，也能使我们更加健康。

通过这些实践，每个普通人都能为土地环境保护贡献一份微薄的力量，共同建设更加美好的地球家园。

小结

　　"当云雾，化成冰雪冰川、溪流，汇成江河湖海，岩层堆叠，大地仍在生长，这里有地球上最狂阔的山，星空下最丰饶的水……"

　　在《遇见最极致的中国》纪录片里，伴随着解说词，看见祖国的大好河山，从江河湖泊到壮阔雪山，一树、一木、一沙、一田。我们生长在这样的国度里，有着多样化的地理环境。土地像母亲一样，提供一切植被需要的养分，因为这片土地，养育了这片土地上的人，我们应该尊重大自然的力量。每一片翠绿的树叶、每一滴清澈的水珠，都是生命的奇迹。与自然互动时，保持敬畏之心，不破坏自然生态平衡。

　　人与环境的关系，是一场共创和谐未来的旅程。在这个舞台上，我们是自然的表演者，更是保护者。通过尊重、感激、敬畏，以及可持续的生活方式和积极参与，我们能够共同谱写出一曲和谐共生的旋律，让人类与环境真正实现共存共荣。

02　文化的传承

　　文化是一种通过语言、艺术、习俗等方式传递的思想和价值体系，是人类智慧的结晶，是对世界、社会的共同理解，是一代又一代人对生命和存在的思考。

文化的传播

　　当年，我转行做纪录片导演，很大一部分原因是我看到了"文化"传播的重要性。我们拍摄的片子帮助先天性心脏病孩子筹到了手术款。有些作品播放很多年后，依然会收到一些观众的反馈，说片子给了他们面对生活困难的力量。这些正向反馈都是我前进的动力。

　　2021 年，我打磨了第一版效率手册，仅靠十几位朋友就带动了接近一万人使用这本效率手册，帮助他们改变了生活。很多焦虑的妈妈给我发信息，说手册让她们的生活不再慌乱，同时也远离了焦虑，这是我最开心的事情。

我可爱的邻居们，合伙在家门口开了一家生活馆，环境优美，临近江边，可以享受美食，同时还可以举办活动。我被邻居们的话语打动，所以自告奋勇组建了"南天悦享读书会"，担任会长一职，每两周举办一次线下读书沙龙，其中包括"作家面对面"和"智者饭局"等活动，以推动更多人热爱文化、推广文化。

参加活动的邻居们多是企业主、企业高管、公务员或全职妈妈。其中一位会员说："我的工作特别忙，经常要到全国各地出差，可是我都会想方设法参加每一次读书会活动，因为在这里，我不仅可以阅读图书，还可以敞开心扉和大家畅聊，这里是我特别珍惜的心灵港湾。"听到这样的评价，我感受到了举办读书会的意义。它不就是以文化的方式，传递人间的温暖吗？

作为纪录片导演，我深感责任重大，因为我是文化的传播者和记录者，通过作品将人类的思想、情感和经验传递给读者。我希望能够激发读者对自身文化的思考，促使人们更加深入地理解和尊重不同的文化，从而构建一个更加和谐、包容的社会。未来，我希望通过本书和《重生》纪录片影响更多人，为更多人带来温暖和力量；让更多人知道"重塑人生体系"，并应用于生活中。或许，这就是文化传播的力量。

文化的传承

2006 年夏天，我的第一部纪录片《登天一线》开拍了，我和制作团队一起回到了我的家乡——新疆。故事的主人公是中国高空王子阿迪力·吾休尔，他是有着千余年历史的新疆古老的传统杂技表演艺术"达瓦孜"的第六代传承人，先后打破并创造五项走钢丝吉尼斯世界纪录。他说，希望能建立起杂技团，让更多中国人知道这项古老技艺。在跟拍的一个多月里，我们不仅了解了"达瓦孜"技艺传承人的真实生活，还了解到阿迪力面临的诸多挑战，以及经历了无法想象的磨难。

有一次，在跟拍阿迪力演出时，我发现他的妻子静静地站在钢丝一旁，紧缩眉头，显得非常紧张。拍摄结束后，阿迪力的妻子才道出她担忧的真正原因。原来，阿迪力曾在一次表演中遭遇了一场非常严重的意外。那一次，阿迪力如往常一样在钢丝上表演，没想到，他突然从钢丝上失足摔落。所幸的是，由于受过专业训练，在掉下来的刹那，他保护了头部，但是依然摔断了二十一根肋骨。这次重创让所有人都以为阿迪力再也站不起来了。然而，拥有顽强意志力的阿迪力积极配合医院的康复治疗，每天都告诉自己一定要好起来。奇迹发生了，阿迪力不仅重新站了起来，而且还能继续进行表演。

2006 年，达瓦孜被国务院列入第一批国家级非物质文化遗产名录，阿迪力成为第一批国家级非物质文化遗产项目维吾尔族达瓦孜代表性传承人。

小结

文化不仅为人类提供了共同的认知框架，还在历史的长河中扮演着塑造社会形态和价值观的角色。文化是一座桥梁，将人们紧密地联系在一起，形成了共同的文化认同感。

03　与社会同行

正如马克思所言：“正像社会本身生产作为人的人一样，人也生产社会。”社会由人组成。人是社会系统最基本的要素，没有人就无社会可言。人与社会是互生、互动的关系，两者是互相建构、互相塑造的。

人的生存和发展依赖社会提供的物质产品和精神支持，脱离社会，人只能作为一种生物存在。人需要组织，需要被看见，需要被认可。

同行者

盛华老师曾经在课堂上分享过一句令人深思的话：“别人之所以能给我们建议，不是因为‘别人’比我们学历高，或者经验丰富，而仅仅是因为他是'别人'。"每个人眼里的世界都是不一样的，通过与他人的相处和交流，我们可以看到"另一个"世界，让我们可以更加宽广地看待多彩的人生。在成长过程中，我经历过不同的集体生活，每次经历都有不一样的感受和收获。

我的大学时代，已经开始了选课机制。因此，除了开班会，全班同学可以聚在一起以外，其他时间都是各忙各的，几乎没有交集。和我关系比较好的是室友宋同学。因为我是独生女，宋同学就像姐姐一样，无论遇到什么问题，我都会找她商量，这段时光让我体会到了一起商量事情的幸福感。

大学毕业后，我到北京工作。虽然时间不长，但是我和同事们的相处非常融洽，领导也很喜欢我。也许，我是一个比较主动的人，在领导分派任务的时候，总会主动积极地完成；同时，我还是一个自带反馈机制的人，如果在工作过程中遇到困难，我会向领导求助。也许正是这些特质，我在职场中没有人际关系的困扰。

不久，我辞职加入了广州的一个纪录片工作室。在拍摄纪录片的过程中，我和团队的合作也十分融洽。因为拍摄组男生居多，来自大江南北，我又是豪爽的性格，每次拍摄结束，都和大家在一起聚餐，然后回到剪辑机房剪辑视频。渐渐地，我们成了"好哥们儿"，成了彼此生命中重要的伙伴。如果谁遇到不如意的事情，所有人都会鼎力相助。

　　每年，我都给自己制订学习计划，当我浸泡在一个学习氛围里，能快速找到同频的朋友。自从我加入了本末私塾学习，我有了一些志同道合的师兄，我们每个月都上一次线下课程，一起系统学习关于生命的知识。同时，我们经常在线上一起讨论，共同解决遇到的困惑和难题。期间，我把即将要开拍《重生》纪录片这个项目带到课堂，作为案例一起探讨。课程结束后，有些师兄报名来当采访主人公，有些师兄给我打电话提供拍摄思路。在这个大集体中，我感受到了安全、温暖和支持，而不再孤单。当我要偷懒的时候，也有师兄提醒我、鞭策我；当我不开心的时候，会第一时间找师兄，以获得支持。因此，我非常珍惜一起修行，一起探索生命真相的老师和师兄们。

　　雪松是第一个版本的《重塑人生效率手册》的资深使用者。关于手册的框架结构和价值体系，她给了我非常多中肯的建议，我都把它们吸纳其中。后来，我成立了线上读书打卡营，诚邀她参加。她不仅按时打卡，还鼓励大家一起打卡，成了我得力的助手。

　　后来，我和婷婷、维忆三个人也组成了一个"道友闺蜜"组。婷婷是我认识了十七年的闺蜜，从我开始创业就一直支持我。维忆是我四年前的一个项目合作方，后来彼此认可，成了闺蜜。无论我在外面有多风光，在这个小组里，她们都会清醒又严厉地指出缺点，正是因为她们的存在，我可以清晰地看到自己。我们形成了一个共同成长生态，大家互相滋养，彼此携手共同向前。

无论是创业还是个人成长，我们都需要融入组织，找到志同道合的伙伴，一起同行才不觉孤单。在组织中，我们不仅能感受到温暖，更能体会一起陪伴前行的力量。在生活的旅途中，我们很可能会跌到低谷，如果此时有伙伴能伸出援手，拉我们一把，很可能会重新振作，继续前行。

照亮世界

2020 年，大学刚毕业的韩佳龙，萌生了为志愿军老战士拍照的想法："既然我已经不能给我的爷爷拍照片了，那我能不能给他的战友拍照？他们平均年龄九十岁，如果再不行动，很可能健在的老战士越来越少。"于是，韩佳龙把大学勤工俭学挣的钱全部用于购置设备，在陕西咸阳退役军人事务部门的支持下，开始了拍摄。然后，他把志愿军老战士的故事发布在网络平台后，除了获得网友的点赞外，还收到不少志愿军老战士家属的邀约。

2023 年 2 月，一份邀约让韩佳龙第一次走出陕西。这是为远在四川攀枝花的住院老战士余绍礼拍照。起初，韩佳龙曾有过犹豫："距离实在太远了，一千三百多公里，开车要十五个小时左右。而且还没有任何资助，所有费用全靠自己。"最后，他还是决定千里赴约。

　　韩佳龙没有想到的是，记录志愿军老战士的视频引起了很多年轻人的关注，很多中学生表示，上大学后就要去当志愿者。2023 年初，韩佳龙放下所有工作，成立了"爱星青年公益服务中心"，专做老战士记录。近三年来，他工作的收入几乎都投到拍摄上，家里人也给了他最大的支持。目前，他已经为一百七十二位志愿军老战士留下影像，因此被称为追"星"摄影师。

　　这个世界上，总有一些人愿意发光发热，做一些温暖他人的事情。在他们心里，从温暖一个人开始，星光终将点亮整片夜空。

得道者多助

　　前段时间，看到一则新闻报道，越南有个人叫佟富福，他是一个普通的农民。2001 年，他陪妻子去医院检查时，意外发现医院里有一个房间专门为那些意外怀孕的女性提供人工流产服务。那些女性流产后都面色暗淡地离去，胎儿被当作医疗废弃物处理。佟富福深感痛心，他求医院把手术后的胎儿交给自己，让他为他们体面下葬。

　　起初，他被质疑和谩骂，如今，十五年过去了，他坚持着自己看似疯狂的举动，把攒下的积蓄都拿去买了墓地，埋葬了上万名胎儿遗体。他还收养了一百多名弃婴。这份真心感化了村民和佟富福的妻子，终于开始理解他的用心，纷纷支持起他的行为，越来越多的热心人士参与到佟富福的事业中。佟富福用他的事迹展现出：得道者多助。

我的朋友心隆，2017 年在深圳创业投资失败后，同年年底在广州从事足球事业，但项目再次失败。此后，他担任启智志愿者服务总队队长二十余年。经过对社会基层和社会公益组织多年的探索和深入思考，他决定深入社会第一线，摸索出一条适合社会公益组织的健康、可持续发展之路。

这些年，我看着他在不同领域一直做各种尝试。当一些项目因为各种原因而无法进行下去时，心隆并不气馁，而是马上调整好状态，开始新的尝试。在他看来，遇到困难是探索过程中的常态。

他也参与了一些企业孵化器项目，所以，他特别想干成一件事，就是"以商养善、以善哺商"。作为一个个体，他愿意成为桥梁，一头链接公益，一头链接社会各界力量，让越来越多的企业和个人参与到公益事业中。

每次见到他的时候，我都被他浑身散发出来的激情打动。不论在什么时候见他，都能看到他信心满满的样子，是我朋友中少有的遇到困难毫无畏惧的人。他说，他感谢每一次的困难，让他更加明确前进的方向。

👥 **小结**

　　世界上有很多人，通过他们做的事情在重塑这个世界，并在过程中体验到了"穿越更高维度"的喜悦。迪士尼制作的一部 3D 喜剧动画电影《闪电狗》中，闪电狗看到主人拥抱新的狗，以为不再爱它。然而，小黑猫咪咪站在高处看到闪电狗的主人其实很爱闪电狗，并告诉了闪电狗。小黑猫咪咪像"智者"一样，站在更高的位置，看到了全局。

【思考和练习】

对照《重塑人生效率手册》的"美好世界管理体系"，找到适合自己的践行领域，定期做个人公益规划。

美好世界管理体系

美好世界

美好世界包括：人与环境、人与文化，以及人与社会，是一个多元、和谐的生活图景，涵盖了与自然和谐相处、文化的传承与尊重，以及建设和谐社会等方面的重要内容。

人与环境

环境是人类赖以生存的栖息地，是生活和发展的基础。尽管来自不同的国度，有着不同的肤色，但是，全世界的人们都在共同努力保护环境，追求人与环境和谐相处。其中土地提供了我们赖以生存的食物和资源，是我们生存的基础。

人与文化

人类创造了文化，而文化也在塑造人类。文化承载着人类的集体智慧和价值观，既源于自然，又随着人类的发展而不断演变。我们可以会聚一群人，共同创造一个和谐包容的文化，在这样的文化里互相滋养、和谐相处。

人与社会

每个人都可以从自己开始，深入了解自己，感受成长带来的喜悦。当深入了解并接纳自己时，我们就可以找到同伴，和他人和谐相处，感受同频相惜的快乐。在彼此的陪伴和支持下，更好地应对生活中的挑战，分享喜悦和悲伤，创造出一个更温暖和美好的世界。

我的计划：

- ○
- ○
- ○
- ○
- ○
- ○
- ○
- ○

环境公益行动　参与项目：　　　　　行动打卡

一周	
二周	
三周	
四周	
五周	
六周	

文化公益行动　参与项目：　　　　　行动打卡

一周	
二周	
三周	
四周	
五周	
六周	

社会公益行动　参与项目：　　　　　行动打卡

一周	
二周	
三周	
四周	
五周	
六周	

04　重塑人生之路

我遇到过很多人，她们说自己的生活过得平淡又简单，感受不到快乐。这或许是因为她们并没有握住健康、关系、财富和状态，更找不到美好世界。

接下来，我想邀请大家紧握拳头，感受一下重塑人生的四个组成部分，和自己连接，随时为自己点赞，同时也在提醒自己，正走在践行美好人生之路。无论你当下处于什么状态，通过以下四个步骤，都可以一步一步踏上探索美好之旅。

步骤一：梳理现阶段真实状况

根据目前的情况，写下健康、关系、财富、状态和美好世界的现状，尽量填写一些具体描述的词语。

步骤二：满意度评分

首先，对每个板块打分（0～10分，10分非常满意，0分极度不满意），同时估算每天在这五个板块上花费的时间，其中包括学习和实践，以小时为计算单位。

举例：

项目	满意度	每天花费的时间（小时）	备注
健康	8	10	含每天睡觉、吃饭、锻炼、泡脚等维护健康的时间
关系	3	0.5	和重要的人沟通交流时间
财富	3	8	在主业、副业上的时间花费
状态	6	4.5	含每天娱乐休息时间
美好世界	1	1	含做公益时间

然后，按照满意度由低到高将表格项目重新排序，如果满意度有并列选项，按照每天花费时间由低到高排序。举例：

项目	满意度	每天花费时间（小时）
美好世界	1	1
关系	3	0.5
财富	3	8
状态	6	4.5
健康	8	10

从上表，我们可以看出两种情况：

一种情况是，因为投入时间少，所以产生的效果不明显，对应的满意度就会呈现出来。此时，我们要思考是否需要分配更多的时间到满意度不高的项目。例如，"关系"，是否每天可以多与家人交流？

另一种情况是，投入太多时间，但是满意度不尽如人意。例如，"财富"，我们每天八小时都在上班，但是收入无法满足个人的期望。此时，我们要做的是增加自己的财富知识，探索新的收入渠道，建立起人生财富的 plan A、plan B 和 plan Z 财富系统。

步骤三：郑重承诺

平衡与和谐是人在世界里最好的状态，如果你选择与我同行，希望获得一个美好世界，请认真思考以下问题：

·在之前的人生经历中，你有哪些收获？目前还有哪些遗憾？

·你是否愿意此刻开启重塑人生计划？

·这份计划为期多久？

·郑重写下你的签名。

步骤四：找到同伴

万物之间都遵循着一种平衡的规律。尽管我们的生活各不相同，却同处一个世界。如果每个人秉承"人人是我，我是人人"的信念，也就打破了个体的狭隘界限。

这是关于重新认识自己、深入探索内在需求、建立有意义的人际关系以及努力创造更富足生活的旅程。让我们张开双臂，迎接美好的世界吧。

希望每个人能够通过阅读这本书和《重塑人生效率手册》，聚焦当下，把生而为人的能量和状态呈现出来。

这不是一句空话，需要在现实生活中一点一滴践行。每一次喝水、吃饭、和人交谈时，用心体验这一切。

正如南京师范大学文学院教授郦波老师所说："很多人选择在人生的赛道里不断超越自我，在超越的过程里重塑新的生活。"

我们，也应如此。

第七章

诗集

01　失去

我让我失去了一些美好

我让我拥有了一些美好

我让我留下一些遗憾

我让我弥补了一些遗憾

我让自己找到和我一样的爱人

我和我的爱人又不太一样

我躲进厚厚的壳里

我露出长长的獠牙

我想逃离

我想回来

我打碎我的壳

我开始长出柔软的翅膀

02 开始

开始

多么重要

是那阵风

开始吹

让你决定留下来

是那汪泉水

开始流

让你决定再试 一次

是那个眼神

坚定又有力量

让你决定逆风飞翔

开始

就是结局

命运的齿轮

咔咔作响

你听到了吗

03　一生一世

你知

你不知

我都在那里

一个承诺

两个灵魂

合二为一

一生一世

让我一直守护着你

还记得那一刻

我升起月亮

只为守候你的到来

我借你的手

书写我的情

在途中

我们相见

那一刻

你说

你要做回自己

我流下了炙热的泪水

不舍

不愿

看见

道别

04　无法理解的痛苦

这个世界上

有我无法理解的痛苦

死亡这件事

很公平

谢谢你

让我看见

又一次触摸心底的恐惧

这里没有别人

我们是生命共同体

尊重所有人的选择

唯一能做的

祝福

05 渐入佳境

疼痛不再是唤醒

是一种单独的存在

你在看它

它也在看你

按到左边

心中蹦出来几个词

我爱你

谢谢你

对不起

眼泪默默流下来

按到右边

看到一座山一样的废墟

用锤子一点点敲开

还有沙漏

沙子一点一点漏下来

大脑死机

身体的部分重启

每一个痛点

都在提醒

我经历了什么

我一直都记得

今天和昨天的感受完全不同

更放松

像个面团

像片云彩

渐入佳境

06　共振

拍拍拍

震震震

响响响

咳咳咳

心碎了一地

扭扭扭

捏捏捏

敲敲敲

嘎嘣脆

心缝好了

07 梦

哪里有什么轻装上阵

从来都是负重前行

短暂的繁花似锦

终会灰飞烟灭

在梦里追着梦

在人间笑着哭

08 爱

我爱你

你像我

我爱你

无论你像谁

我爱你

只是

我爱你而已

09　终结者

一个

两个

三个

次次都受伤

四个

五个

六个

每次结局都一样

是他们太傻太癫

还是我太执着

怎样

才能找到那个

轮回终结者

10　成长

从眼泪里赶走委屈

从沉默里驱出愤怒

从水里赶走饥渴

从汗里驱出寒

成长路上没有暂停键

只有前进和后退

每天

在群里

看到一个个勇士

拿出自己的生命故事

扔向天空

升起一个个火焰

11　生命

你是我见过

笑容少有灿烂的人

如果不说

很难猜到

你曾经得过重病

回看那一段得病的经历

你说

一切都是礼物

它带来了一个全新的自己

和一段重生之旅

你让我对疾病有了全新的认识
你保留了病愈后的智慧和勇气
你扔掉了疾病带来的恐惧和迷茫

一切发生源于自己

好的

坏的

看你如何定义

12 找到自己

十年前

我找到了自己

十年后

身份发生变化

我迷失了自己

我成了他们的替身

这十年

不后悔

替他们活着

贵州

福地

在这里

因为一次个案

又一次找到自己

这一次轻装上阵

带着爱和热

优雅地

为大众服务

13　风

宇宙的原点
是我们

宇宙的终点
也是我们

清澈的湖水
倒映出微笑的脸

晃动的蜡烛
展示着内心的风

你笑了
便是晴天

14　绳索

那根绳索

在你降临的时候

如影随形

它跟着你成长

慢慢成长

你越大

它越大

你以为

它就是你的一部分

苦和它分享
乐与它分享

它是你最好的伙伴

有一天
你逃脱了那个身体

你发现绳索
原来和你并不是一体

你开始抗争
开始挣扎
痛苦万分

越挣扎
绳索越紧

直到有一天

你变成了鱼

变成了风

变成了一道光

绳索在光里融化

15　堡垒

张口就来
不加思索

那是谁
在发声

一天又一天
一年又一年

习性是自己
建立的一座堡垒

你把自己困在其中

有一天
你终于看见
你的痛苦

你决定
要把它砸碎

一锤又一锤

16 涟漪

人来人往
车辆川流不息

我不敢张开双眼
看他们

他们在我心里
划出一圈又一圈的涟漪

有一股力量
在心里涌动

你可以

为他们做些什么

其实

我们都可以

17　傲慢

湖水泛起涟漪

你可知道
傲慢喜欢和你捉迷藏

它藏在无处不在的伪装里

瞧不起人是傲慢
对人有成见是傲慢

好批评是傲慢
武断下定义是傲慢
争对错是傲慢
习惯看人缺点是傲慢

18　哭

哭了多好

让情绪流淌

如果哭

可以让一切都变得更美好

你哭

还是不哭

问题

依然还在

19 爱

爱是露水

爱是种子

爱是电闪雷鸣

爱是溪水潺潺

爱是一匹马

爱是一只猫

爱是回眸一笑

爱是火光四射

爱是大包子

爱是小馒头

爱是偷偷看

爱是哈哈笑

你问我

妈妈

爱是什么

轻轻把你抱起来

吻一口

用鼻子蹭鼻子

这就是爱

20　投入

先投入进去

做了再说

把那些计划

想法

统统放一边

放下那些痛苦

只是去做

做了才能看到希望

打破完美主义陷阱

打破逻辑陷阱

相信

相信的力量

在做中

体悟

21 船

两个人

遇见了

想造一艘船

船好了

两个船长启航了

风来了

雨来了

心慌了

风来了

雨来了

心散了

风来了

雨来了

船沉了

22　新礼物

风来了

雾散了

远处传来清脆的鸟鸣声

地下冒出小绿芽

一树玉兰

在绽放

噼噼啪啪作响

风来了

阳光洒在玉兰树上

一朵朵绽放的鲜花

在对着太阳

微笑

看见未知的世界

推开门

迎接新礼物

23 记录

亲爱的

请你放下"导演"身份

轻装上阵

这是一场有趣的旅程

请让"重生"如实发生

你是个普通人

你想做这件事

你想走进他们的生活

和他们聊天

和他们交朋友

和他们链接

让这些自然发生

如实记录这一切

仅此而已

24 回家

这是一条回家的路
也是一条臣服的路

雄狮少年找到了方向

前半生归顺生活
后半生臣服灵魂

唤醒智慧

25　海

白色海浪

一波又一波

拍打着生命海岸

大大小小的贝壳

随着潮涨潮落

留在了岸边

银色的沙滩

一望无垠

直通天边

似一把梯子

太阳的光

洒在海面上

海水敞开怀抱

拥抱这些光

用轻柔的声音

对着阳光歌唱

太阳

越来越高

直到它们合二为一

26　一念之间

你是你

他是他

你曾是他

也是她

每个身后

都有一双渴望的眼睛

无论他是谁

你是你

也可以是他

只在

一念之间

27　出厂设置

每人一个

不多不少

带着它出生入死

每人一个

出厂设置

从年轻到年老

我以为

就一个

其实

有很多

28 天上的太阳

天上有一轮太阳

身边也有

微笑

发热

自带光芒

轻轻的

照拂

想起他

触摸温暖

指尖

闪亮

29　你和它

你动
它跳

你发怒
它咆哮

你扔给它一只桃
它也抛给你一只桃

你看见了它

也看见了自己

你开始微笑

它愣了一下

轻轻给你一个拥抱

30 一次个案

一声嘶吼

震彻天际

你用力砸碎了

身上的桎梏

鲜血呼唤你的回归

怒吼让你感觉到

你还活着

一团热火

在胸中燃烧

你不懂她

就像白天不懂夜的黑

你想用星光守护她的梦

梦醒后

星光灿烂

31　拥抱

多少次

想抱抱我的妈妈

我却迈不开步子

我已经忘记了小时候

钻进妈妈怀里的感觉

我以为

我长大了

我以为

我不需要妈妈的怀抱

有一天

妈妈病了

我开始害怕

我想逃避

我也想放弃

我觉得我没用

我在黑夜里

放声大哭

我决定面对

开始找寻

我相信

我可以帮助我妈妈

我还是不敢抱

自己卡住了

却迈不开步

终于

我遇到一个智慧的老人

他告诉我

多抱抱妈妈

妈妈的病就会好

我问他

妈妈拒绝怎么办

他笑着说

你抱你的

第一天

我鼓起勇气

抱妈妈

她是僵硬的

陌生的

第二天

我抱妈妈

她变得柔软了

第三天

我抱妈妈

她说

谢谢你

谢谢你爱我

32 重生

像被洪水淹没

无法呼吸

血液开始沸腾

心脏开始哭泣

机器滴滴答答作响

催促着

快点醒来

看到一束光

在不远的地方

过往的美好记忆

化成一层层光圈

好美
想被它带走

一个声音响起
不能过去
我还要活着

转身
身后有一束光
笑着向你招手

回头走
终于醒来

我问你
重生是什么

每一刻都在死
每一刻都在生